鸡蛋糕
Cake Easy

黄裕杰 著

中国轻工业出版社

目录

乳沫类／全蛋打发／ <u>口感：松软</u>

乳沫类／蛋黄、蛋白分开打发／ <u>口感：柔软湿润</u>

面糊类／全蛋不打发、面糊拌和／ <u>口感：紧实</u>

蛋白类／蛋白打发／ 口感：松软绵密

重奶油类／全蛋不打发、糖油拌和／ 口感：紧实绵密

变化类／各种蛋糕体的组合与变化／ 口感：多层次

写在前面的话

　　本书将带着大家认识鸡蛋的特性，以及使用不同的蛋的打发方式来制作各式鸡蛋糕。

　　蛋糕最主要的原料就是鸡蛋，鸡蛋由蛋白和蛋黄组成，蛋白中含有多种不同的蛋白质，蛋黄则是富含脂肪及卵磷脂的球体，而且蛋黄还具有乳化作用。

　　制作鸡蛋糕的主要原料有四种，即鸡蛋、砂糖、面粉、油脂，通过不同的打发方式即可变化出各式不同的鸡蛋糕，再加上许多延伸材料及辅料，就会使鸡蛋糕的口感及风味千变万化。

　　烘焙的基础理论及实操技巧，需要反复的操作练习，加上经验和时间的累积，通过实操来印证理论，便能快速、扎实地提升技术水平。

　　本人从事烘焙已逾20年，曾在许多烘焙店及饭店累积丰厚的经验，希望能通过此书将制作技巧及创意分享给读者。

　　本书以制作鸡蛋糕的打发方式作为主轴，每一款糕点都配有图片说明及注意事项，可降低读者在实际操作时的失败率，让刚接触的新手也有很高的成功率。即使失败了，也请不要气馁，仔细思索是哪个环节出错，再接再厉，因为失败是最宝贵的经验。

　　最后感谢我的公司"真膳美馔餐厅"提供拍摄场地及人员协助，主编梁淑玲小姐，摄影师吴金石先生，面包大师张炳贤先生，助手丘定仁先生等，还有我的太太这段时间的支持及其他共同协助完成拍摄制作的朋友们，再次谢谢大家。

鸡蛋与蛋糕

蛋糕基础原料有：鸡蛋、糖、盐、玉米淀粉、低筋面粉、牛奶、黄油、蜂蜜等。

普遍做法是先将低筋面粉及玉米淀粉过筛，再将牛奶、黄油隔水加热保温，将全蛋和砂糖一起打发成浓稠状后，拌入过筛的低筋面粉及玉米淀粉，然后加入保温的牛奶及黄油搅拌均匀即可进炉烘焙，以上为最基本的香草海绵蛋糕，在本书第一章"乳沫类"全蛋打发法里有详细的操作技巧。

市面上也有无蛋成分的蛋糕，主要是利用发粉在面糊中产生二氧化碳，使组织产生膨松感而松软。不过，这充其量是化学膨松剂所制造出来形似蛋糕的假象，现代人追求健康与口感，无蛋蛋糕吃起来就像只有甜味的发糕，而化学膨松剂制造出来的粗糙的孔洞根本不能称作蛋糕。蛋糕之所以是蛋糕，是因为有面粉、糖和蛋在其中，这是制作蛋糕最基本的要素。

蛋糕是靠面糊内蛋的蛋白质，经烘烤后受热凝结形成蛋糕的组织及体积，同时鸡蛋内的蛋黄因含有油脂而对蛋糕有软化的作用，所以口感绵密且松软。无蛋蛋糕和有蛋蛋糕的差别在于组织粗细及柔软度不同。

鸡蛋在蛋糕中起着以下三个重要作用。

黏结作用

蛋和面糊搅拌后，蛋的蛋白质于烘烤时凝结形成蛋糕组织及体积，如"天使蛋糕"及"海绵蛋糕"，因为粉类材料较少，蛋的比例较多，因此黏结作用对于乳沫类蛋糕来说是非常重要的。

膨松作用

膨松作用为蛋的主要功能之一。蛋的蛋白质经打发后会形成非常细小的气室，由蛋形成的薄膜包覆住，经受热后膨胀，如戚风类的舒芙里蛋糕，经由蛋白打发，再混合面糊加热后，形成良好的膨胀效果。

上色作用

蛋的另一个重要作用是给予蛋糕颜色，如"天使蛋糕"需要纯洁的白色，这种白色是由蛋白来的，任何不良的颜色都会影响此类蛋糕的品质；而"海绵蛋糕"需要有良好的黄色，这种黄色是由蛋黄来的，深黄色的蛋黄比淡黄色的蛋黄更加适合。

市售制作鸡蛋糕的材料最普遍的就是蛋糕预拌粉了，只要加入水搅拌均匀经烘烤后就是蛋糕了。通常预拌粉用在需要每天大量生产的工厂或饭店，因为方便快速可替师傅们节省许多时间，但不是所有的蛋糕都能使用预拌粉来调制，而且使用预拌粉制成的蛋糕口感也太过单调无趣，何不舍弃预拌粉回归到蛋糕的基础来制作真的蛋糕呢？

蛋糕的材料种类大致上都相同，除了比例上的差异会让成品有所不同外，影响最大的就是蛋的打发方式。在本书的六个章节里，我想通过鸡蛋的打发方式来分类（其中也包含糖油打发法及全蛋不打发），给读者进行浅显易懂的介绍，让其了解蛋糕的类别及操作手法。一般蛋糕分为乳沫类蛋糕、戚风类蛋糕、重奶油蛋糕三大类，其中乳沫类又可分为蛋白类及海绵类，也是本书中应用及变化最多的蛋糕体，大部分的技巧也都由此延伸。

装饰组合对蛋糕来说非常重要，虽然有些蛋糕直接食用就很美味了，但是蛋糕最有趣的部分也是在这里，利用不同口味的奶油或果酱来赋予蛋糕灵魂，例如，缤纷的巧克力装饰片、新鲜水果甚至一片薄荷叶，都能让蛋糕如有了生命一般鲜活起来。

本书中有很多很棒的食谱，可以从中发展出许多新的技巧与手法，让新手变高手，即便日后获得不同的食谱，也可依循书中的技巧来制作进而提升手艺。

鸡蛋糕的基本制作原理

在制作鸡蛋糕时，为了防止各种突发状况出现，制作前需事先了解材料特性、各种打发及拌和的手法，这样读者在实际操作时就不至于手忙脚乱，制作时也会比较顺利。

了解材料特性

制作鸡蛋糕的主要材料是面粉、糖、油脂、盐、鸡蛋、牛奶／水、膨松剂七种，及其他数十种辅料和香料。而这主要的七种原料，我们将它们归纳成以下类别：

1

干性材料
面粉、糖、奶粉、盐、泡打粉、可可粉、杏仁粉

2

湿性材料
牛奶、水、鸡蛋、液态糖浆

3

柔性材料
油、糖、膨松剂、蛋黄

4

韧性材料
面粉、蛋白、奶粉、盐、可可粉

5

香味材料
糖、牛奶、油、鸡蛋、可可粉、香辛料

基本蛋糕制作原理

以戚风蛋糕为例，其材料一般分为两个部分，一部分为蛋白打发的乳沫类蛋白霜，另一部分为蛋黄面糊。制作时先将蛋黄面糊部分的干性材料过筛，包括面粉、糖、盐或可可粉等，用筛网筛匀成无结粒的粉状备用，再把湿性及柔性材料，如色拉油、牛奶、水等倒入钢盆中搅拌均匀，加入过好筛的干性材料并搅拌均匀，最后加入蛋黄搅拌打成面糊。

蛋白打发过程分为四个阶段：

第一阶段：蛋白经打发时，表面会产生很多大小不一的气泡。

第二阶段：蛋白持续打发后，蛋白气泡会转变成许多均匀细小的气泡，渐渐凝固起来为五六分发，此阶段称为"湿性发泡"。

第三阶段：此时继续打发蛋白至七八分发，打至用打蛋器勾起蛋白霜时，会呈现尖峰状而不下坠，此阶段称为"干性发泡"。

第四阶段：若再将蛋白霜打发到九十分发，用打蛋器将蛋白霜勾起已无法形成尖峰，此阶段称为"棉花状态"。

→ 拌和 → 烘烤

　　将乳沫蛋白霜和蛋黄面糊混合时，先取1/3的蛋白霜加入面糊中搅拌均匀，目的在于让蛋白霜和蛋黄面糊所占比重接近，这样容易混合均匀不易消泡，最后再加入剩余的2/3的蛋白霜，轻轻搅拌均匀即可。

　　焙烤时，烤盘或模具大小不一，所需要的焙烤时间也会有所不同。一般烘烤体积较小的蛋糕或薄盘蛋糕，如杯子蛋糕、活动空心模盛装的蛋糕、平烤盘盛装的蛋糕等，应用上火200℃／下火150℃，烘烤20~35分钟。上下火的温度需视实际烤炉炉温而定，因为不同品牌的烤箱，上下火的炉温也不尽相同。

基础材料

　　鸡蛋、面粉、糖、油脂等基础原料，对鸡蛋糕而言是最主要的，好的原材料会直接反映到鸡蛋糕的品质上，因此了解基础原料与食材的特性，以及烘焙蛋糕时所产生的化学反应和变化，都是热爱烘焙的读者们必须要具备的知识。

　　了解了基础原料的特性及作用才能对其灵活运用，对蛋糕配方的制定也有很大的帮助，在产品的品质发生问题时，才能根据材料的特性来做调整或更换，使品质正常稳定。

主原料

· 蛋

蛋的三大特性为凝固性、起泡性、乳化性，分别在蛋糕的制作中扮演不同的角色。

（1）凝固性：指加热后蛋白质发生变化而产生凝固的特性。例如，于烘烤阶段时，面糊内的蛋含蛋白质，会受热凝结形成蛋糕组织，及构成蛋糕应有的体积。蛋白在60℃会呈胶冻状，75~80℃会凝固，而蛋黄在65~75℃就会凝固，所以请注意这些温度差异，加热时勿过度。

（2）起泡性：搅拌就会起泡就是起泡性。蛋的蛋白质可以搅拌打发出非常细的气室，当面糊受热时，气室内的气体因受热而膨胀，增大蛋糕体积。

（3）乳化性：蛋黄可帮助水和油脂等材料混合在一起，进而产生柔滑的作用。广泛应用于各种卡士达、冰淇淋、慕斯的制作。

蛋白：蛋白水分含量高达88%，具有黏稠弹性的触感。新鲜蛋白比较不容易起泡，但稳定性佳；较老的蛋白比较容易起泡，但弹性弱，稳定性欠佳。蛋白具有起泡性，用力迅速搅拌混合时空气容易跑进去，就可打发成含气量高而质地绵柔的蛋白霜。但是如果混入蛋黄就很难产生气泡了。

蛋黄：水分含量约48%，脂肪含量约33%，蛋黄含有丰富卵磷脂，卵磷脂具有结合油和水的性质，有良好的乳化作用，另外还有增添产品独特的浓香味以及烘烤上色的作用。

· 油脂

黄油：是制作烘焙甜点的主要材料之一。它是从牛奶中分离出的脂肪，可制成无盐黄油与添加2%盐量的有盐黄油两种，可

增添烘烤甜点的风味。

发酵黄油：制作黄油的初期，在乳脂肪中加入乳酸菌搅拌使其发酵，具有特殊的风味。

色拉油：精制的植物油脂，多属于流质，常用来制作戚风蛋糕、泡芙、小西饼等。与黄油相比较，风味不够浓郁香醇。

· 糖

细砂糖：为烘焙甜点经常使用的糖之一，是以甘蔗为原料制成的食材，结晶颗粒细小、纯度高、甜度清爽且易于溶解，特别适合用来制作烘焙甜点。

糖粉：是将细砂糖研磨后所制成的糖，易溶解，常用于水分较少的奶油霜里，也可直接撒在烘焙甜点上面做装饰。

黑糖：原料为甘蔗，具有独特风味，含有大量矿物质。颜色较深的黑糖甜味较轻，品质较好；颜色较浅的黑糖甜味较重，适用于香气浓郁的烘烤甜点。

转化糖浆：是将细砂糖加水溶解，加入酸加热转化成的液体糖浆。用于烘焙甜点中可保持产品湿润柔软，其吸湿性可延长保存期限。甜度较细砂糖低。

麦芽糖：是一种存在于动植物和微生物体内的天然糖质，从淀粉中提炼出来，广泛用于烘焙甜点中。它的甜度仅为细砂糖的

45％，味道清爽可突显酸味，使产品柔软而香甜。

蜂蜜：蜂蜜是昆虫蜜蜂从开花植物的花中采得的花蜜并在蜂巢中酿制的蜜，为半透明、带光泽、浓稠的白色至淡黄色或橘黄色至黄褐色液体，由花粉提炼出来的浓稠性糖浆，具有特殊甜味以及黏稠的特性，制作蛋糕及饼干时经常添加以增加产品风味。

· 面粉、玉米淀粉

面粉：是西点烘焙最基本的原料，大致上可分为低筋面粉、中筋面粉、高筋面粉三种，烘焙甜点最常用的是低筋面粉及高筋面粉。面粉是依照小麦里的蛋白质含量来区分的，低筋面粉的蛋白质含量在7％~8％，是面粉中黏性较低的，适合用来烘焙各式甜点；高筋面粉的蛋白质含量在11％~13％，是面粉中黏性较高的，适合用来制作面包、派，还可当作手粉。

玉米淀粉：用玉米制成的淀粉，和面粉一起混合使用，可以调整麸质的黏性，适合煮卡士达馅及勾芡用。

副原料

· 烘焙用粉

盐：盐在蛋糕中的功能，是将面糊中其他原料特有的香味更明显地衬托出来，而且盐也具有降低甜度的功能，太多的糖往往使蛋糕过于甜腻，唯有使用盐才可调节蛋糕至应有的甜度。

盐之花：盐之花（Fleur De Sel）是最负盛名的法国顶级海盐，只有在特定产地、特定时间，在风与太阳的合作下，每50平方米的盐田才能结晶出不到500克的盐之花，其结晶呈中空的倒金字塔形，重量极轻，可漂浮在盐水表面，且只能以传统手工方式采收，所以格外珍贵。因为没有和泥土接触，盐之花颜色纯白，黄昏的时候往盐田望去，海水上仿佛漂着一层洁白闪亮的薄冰，非常迷人。最经典的为法国布列塔尼的Guérande地区所产的盐之花，咸味圆润轻柔、回甘悠长，散发着若有似无的紫罗兰花气息，能让食材充分显露原味。

NH果胶粉：为天然植物萃取而得的果胶所制成，因自然生长环境的差异，果胶凝胶性会略有不同，这属于自然现象。其广泛应用于西点馅料，如装饰镜面、法式软糖及各式水果果酱。

塔塔粉：塔塔粉和小苏打都是起酸碱中和作用，不同的是小苏打属碱性，而塔塔粉是一种酸性的白色粉末，在制作蛋糕时的主要用途是帮助蛋白打发及中和碱性，使蛋白更容易膨

大，韧性更强。通常使用大量蛋白制作的食物都有碱味且色带黄，加了塔塔粉后不但可中和碱味，颜色也会较雪白。另外顺便为大家解释一下，蛋白呈碱性，放得越久碱性就越强，如果使用的是还很新鲜的蛋白，碱性较弱，不用塔塔粉也没有关系。

泡打粉： 泡打粉是西式糕点的一种膨松剂，经常用于蛋糕及饼干的制作，泡打粉的主要作用是促进形成"膨松"的口感，以不出筋（不宜过度搅拌）的糕饼类为主。

小苏打粉： 小苏打粉也是膨松剂的一种，但其酸碱度与泡打粉不同，膨胀力也较弱，能使饼干产生"酥脆"的口感。其作用方式是当碱性的小苏打粉遇到酸性成分的材料，会产生二氧化碳气泡，就能使面团发生膨胀。

在这里特别要注意的是小苏打粉遇到水分会立刻发生反应，所以要先和其他干性材料一起过筛混合均匀，再加入湿性材料，以确保小苏打粉不会因结块而混合不均匀。因为如果在干性材料中，小苏打粉没有均匀混合，会使做出来的成品变黄，甚至会改变其味道。当所有材料都混合好之后要尽快放入烤箱烘烤。

另外小苏打粉也经常被用来作为中和剂，例如巧克力蛋糕。巧克力属酸性，大量使用时会使糕点带有酸味，因此可使用少量的小苏打粉作为膨松剂并且中和其酸性，同时，小苏打粉也有使巧克力颜色加深的效果，使它看起来更黑亮。

卡士达粉：又称蛋黄粉，原本是白色的粉末，闻起来有类似香草粉的味道，遇水之后会变成如蛋黄般的颜色，可以用来做各种不同种类点心的内馅，如派类、泡芙、克林姆面包、布丁等。

· 各式香料

香辛料粉：一般是由芳香的植物研磨成粉末或提炼成香料油，例如茴香粉、豆蔻粉、孜然粉、胡椒粉、欧芹为常使用的香料，一般用于调味。

抹茶粉：抹茶的原料是绿茶，在日本，由于多年的改良，绿茶已经很少有苦涩的味道了，使用天然的石磨碾磨成微粉状称作抹茶，带有海苔和粽叶的香味。到目前为止，还没有国家调配出抹茶味的香精。抹茶是纯天然的，而且含有丰富的叶绿素，闻起来香味宜人，加入糕点中可使其具有绿茶风味，因为其本身呈绿色，所以在料理时也常常被当成染色剂使用。

咖啡粉：自咖啡豆中萃取而成的干燥颗粒或粉末，用于制作各种咖啡风味的糕点。加入前必须先用热水溶化后再使用，以利于与其他材料融合。

可可粉：将可可块去除可可脂后研磨成的可可粉，分为高脂与低脂两种。可可脂含量在16%~22%以上为高脂可可粉；可可脂含量在10%~12%为低脂可可粉，可可脂含量越高味道越浓郁，用于面糊中可增加风味，也可用于外层装饰。

香草精：香草精是由香草豆荚提炼而成的香草香料，其作用为增加成品的香气及去除蛋腥味。由于味道香浓，使用时不可过量。

香草荚：香草荚为天然香料，风味绝对不同于香草香精。香草荚的生产必须依赖密集的人工劳动，而且每棵荚在制作过程中必须经过多次繁复的工序，因此造就了香草荚高贵的身价。来自马达加斯加、墨西哥及大溪地的香草荚被公认为是世界上品质最佳的香草荚。一般应用于冰淇淋、慕斯、烤布蕾、卡士达等，香草籽经加热后可呈现香草独特的香气。

薄荷叶：薄荷叶含薄荷油（主要成分为薄荷醇、薄荷酮）。薄荷以叶多、色绿、气味浓香为佳，嫩叶经溶液煮沸后会产生天然薄荷香气，适合用于甜点慕斯，使用新鲜薄荷叶装饰于甜点上也很美观。

综合坚果类

坚果具有浓郁、芳香与有嚼劲的特性，在食物的分类中，坚果被归为脂肪类食物。高热量、高脂肪是它们的特性，但是坚果含有的油脂虽多，却多以不饱和脂肪酸为主。有些种类的坚果在市场上可以买到不同形状的产品，若是完整颗粒适合做巧克力，如果是带着薄皮或是粉末状的就比较适合与面糊混合。

杏仁粉：烘焙用的杏仁粉大多是美国进口的扁桃仁磨成的，没有印象中的浓郁杏味，味道和一般的坚果果仁相同。去皮的厚果仁颜色为米白色，研磨成较粗的杏仁粉，可用在饼干、小西点中，以增添坚果香气；研磨成较细的杏仁粉，可用在蛋糕中，吃起来没有粗糙感。

榛子粉：带皮榛子在研磨时较易产生苦味，所以一般会使用去皮榛子来研磨。将榛子粉加入面糊中，会散发出榛子香。

开心果：常见的开心果外面那层硬皮为果皮，里面即为果仁，有一层薄的种皮，果仁烤制后有香气，即为食用的部分，且越嚼其香味越浓，其中含有丰富的油脂且营养价值高。烘焙大多选用颜色较翠绿的新鲜果仁，用来装饰或打成泥加入面糊中。

杏仁碎：杏仁，有特殊的甜香风味，营养价值很高，一般的形态有杏仁片、杏仁碎、杏仁粉，普遍用于西点蛋糕中，例如马卡龙使用大量杏仁粉制作，杏仁片与杏仁碎则用于饼干烘焙或装饰。

夏威夷坚果：夏威夷坚果，也称澳洲坚果，壳很厚，没有专用工具很难打开，味道也完全不同于榛子。熟制的果仁味似葵花籽，但更加浓香，一般用于巧克力甜点与坚果塔的制作。

核桃：核桃，也有人称为长寿果，果仁味香甜，略带苦味，也普遍用于巧克力甜点与坚果塔的制作。

黑橄榄、绿橄榄：主要有绿橄榄和黑橄榄两种。橄榄果富含钙和维生素C，通常用于西式料理，也可用于咸派或是略带咸味的蛋糕。

黑芝麻、白芝麻：芝麻的脂肪含量虽高，但脂肪酸比例很好。芝麻做成的芝麻酱也可用于西点或表面装饰。

咖啡豆：咖啡豆是咖啡属植物的种子，咖啡属植物的果实大小类似樱桃，咖啡豆即为其中的核果。咖啡豆在烘焙过程中逐渐生成挥发性风味油，使各种风味达到完美的平衡。即使是在同一生产国也会因为各地区的气候、海拔、土质的不同，而微妙地影响咖啡豆的风味及品质。制作咖啡风味的奶油时，可先将咖啡豆浸泡在煮沸的鲜奶油中以使其气味浓厚。

番茄干：欧洲会在番茄产季把过多的番茄晒成干，等到冬季的时候再用番茄干做料理。晒干后的番茄风味香浓，一般用于西餐料理，也可用在咸味蛋糕中或用于蛋糕装饰。

巧克力：可可豆经烘焙后产生巧克力的特殊香味，再加工制成巧克力砖，一般市面上分为白巧克力、牛奶巧克力、黑巧克力、可可块。

白巧克力因不含可可块，所以呈现白色，由可可脂、砂糖、奶粉制成，风味柔和。

白巧克力

牛奶巧克力由黑巧克力、牛奶制成，与黑巧克力相比味道较温和。

黑巧克力原料为可可块、可可脂、砂糖、香草、卵磷脂，为最受欢迎的一种糕点材料。

黑巧克力

草莓巧克力原料为可可脂、牛奶、砂糖、卵磷脂、天然香草香料，是具有草莓风味的巧克力，近年来也很受欢迎。

草莓巧克力

可可块为100%纯可可豆研磨制成，富含49%的可可脂，兼具可可的香气和润滑感，由于未添加砂糖，所以一点都不甜，通常用于制作黑巧克力，制作甜点时一般用于降低甜度及增加香气。

乳制品

奶粉

奶粉用于制作蛋糕时，可先溶解在配方的液体中，如做面糊类蛋糕时可与糖和油一起搅拌，才不会凝结成块。

鲜奶

在蛋糕的制作原料中 ，牛奶和蛋同是液体的原料。牛奶除了和蛋一样具有极高的营养价值外，更可以用来提高蛋糕或其他西点的品质。一般的功能为调整面糊配方的浓度，增加蛋糕内的水分，使蛋糕保存较长时间，使蛋糕外表式样美观，让蛋糕组织细腻，减少蛋糕结构膜的油性。另外牛奶中含有乳糖，可使蛋糕和西点外表具有悦目的颜色，以及增加产品入口咀嚼时的香味和营养价值 。

植物性鲜奶油

植物性鲜奶油的来源以椰子油或棕榈油为主，但也有人用大豆油、橄榄油等。制作方法是将油脂通过乳化剂的作用和水混合在一起，再依照用途添加其他增稠剂、调味剂、稳定剂等，经过均质机作用后就是鲜奶油了。植物性鲜奶油的优点是打发效果很好，可塑性佳，且颜色雪白，所以适合做蛋糕外表上的装饰，但化口性没有动物性鲜奶油好。

动物性鲜奶油

奶油一般都是用动物油制造。鲜奶油是牛奶在提炼脂肪的过程中所产生，在经过第一阶段的制程后，取浮在表面的脂肪制成鲜奶油。早期制作鲜奶油是将牛奶放在低温阴凉的地方，静置24小时使其自然分离，再用勺子将浮在表面的脂肪舀出来；而现代的制作方式则是采用离心机来替代早期的自然分离。一般来说动物性鲜奶油会比植物性鲜奶油贵，油脂含量也会影响价钱，油脂含量越高当然就越贵，但油脂含量越高越不易制作。

乳酪

乳酪是一种发酵的牛奶制品，其性质与常见的酸牛奶有相似之处，都是通过发酵过程来制作的，也都含有保健功效的乳酸菌，但是乳酪的稠度比酸奶更高，近似固体食物，营养价值也因此更加丰富。1千克乳酪制品是由10千克的牛奶浓缩而成的，含有丰富的蛋白质、钙、脂肪、磷和维生素等营养成分，是纯天然的食品。仔细观察乳酪，你会发现它是由一个个细小的颗粒组成的，拥有纯白的表面、微湿的质地，常用在乳酪蛋糕及各式甜点之中。

烘焙用酒

君度橙酒

酒精浓度40%，以橘皮为主要原料所发酵的一种蒸馏酒，产地为法国，颜色为透明色。适合添加在水果风味的酱汁、慕斯、蛋糕、冰淇淋、卡士达酱或乳制品中。

朗姆酒

酒精浓度40%，以甘蔗为主要原料制成的一种蒸馏酒，很多国家和地区都生产朗姆酒，产地大多为牙买加，颜色为金黄色。适合添加在水果风味的酱汁、慕斯、蛋糕、冰淇淋、卡士达酱或乳制品中。

咖啡杏甜酒

酒精浓度26.5%，以墨西哥咖啡豆酿造，产地为美国，颜色为黑色。适合添加在咖啡风味的酱汁、慕斯、巧克力或乳制品中。

白兰地

酒精浓度40%，以葡萄酿制而成的一种蒸馏酒，产地为中国台湾，颜色为金黄色，适合添加在打发鲜奶油或水果风味的甜点中。

樱桃白兰地

酒精浓度40%，以樱桃酿制而成，产地为法国，颜色为透明色。适合添加在水果风味的酱汁或慕斯中，也常在制作手工巧克力时用于调味。

使用器具

双层空心菊花模

空心圆模

活动日式戚风蛋糕模

浅层空心菊花模

不粘固定蛋糕模

调理刮刀

固定蛋糕模

费南雪蛋糕模

盆栽蛋糕杯

铝箔金底

烘烤纸杯

打蛋器

棒棒糖棍

狐尾陶瓷杯

恐龙杯

温度计

塑胶刮板

硬式塑胶刮板

钢盆

裱花袋、裱花嘴

木柄毛刷

小筛网

细目筛网

花形硅胶模

棒形硅胶模

贝壳形硅胶模

布丁形硅胶模

抹刀

面包锯齿刀

圆形12头光吸压模

多功能手持式调理机

烘焙用白纸

电子秤

不粘平底锅

苹果造型塑胶模

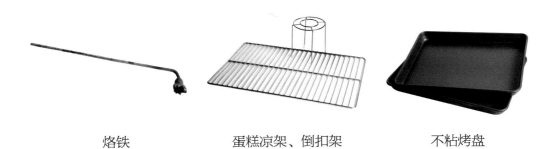

烙铁　　　　蛋糕凉架、倒扣架　　　　不粘烤盘

转台

量尺、剪刀、水果刀

冰棒棍

台式搅拌机

球状、桨状搅拌器

擀面杖

不粘烤盘布

长条烤模

本书适用单位

为使读者操作方便，本书单位一律使用"克（g）"为单位，免除复杂的单位换算。如果手边没有电子秤，以下提供简便的单位换算表：

较轻的调味料（肉桂粉／可可粉／白胡椒粉／玉米淀粉）

1 tsp = 1 tea spoon（一小茶匙）= 2 g

1 tbsp = 1 table spoon（一大匙）= 7.5 g

盐／黑胡椒

1 pinch = 用两指捏起的量

1 tsp = 1 tea spoon（一小茶匙）= 5 g

1 tbsp = 1 table spoon（一大匙）= 15 g

泡打粉

1 pinch = 用两指捏起的量

1 tsp = 1 tea spoon（一小茶匙）= 4 g

1 tbsp = 1 table spoon（一大匙）= 12 g

液体（牛奶／水）

1 mL = 1 cc = 1 g

油脂

1 tsp = 1 tea spoon（一小茶匙）= 4 g

1 tbsp = 1 table spoon（一大匙）= 12 g

蛋糕口感比较表

乳沫类 [全蛋打发]

名称	口感形容	重点技法
香草海绵蛋糕	松软	在打发全蛋和砂糖前，可先隔水加热并不停搅拌至40℃，将有助于打发
巧克力海绵蛋糕	松软	可可粉吸收空气中的湿气容易产生结块，使用前可与面粉一同过筛，以避免产生结粒现象
肉桂甘薯蛋糕	厚实	煮制甘薯泥时，要注意焦化砂糖与肉桂粉焦化的颜色别过深，才不会使甘薯在煮制时，吸收到过苦的焦糖液，进而影响到蛋糕口感
香柚蛋糕	外酥内软	柚子馅也可依个人的喜好，替换成其他果酱
热那亚香蕉巧克力蛋糕卷	松软	制作巧克力香缇时，融化巧克力的温度勿超过50℃，降温至32℃才可与打发鲜奶油搅拌均匀，若使用的巧克力温度过高，则拌好的香缇鲜奶油会过软，过低则会因巧克力凝结，导致香缇鲜奶油变硬不易操作
怀旧蜂蜜大理石蛋糕	绵密松软	加入乳化剂使用快速打发至浓稠状，后转为中速打发2～3分钟使蛋内保存的空气较多且分布均匀
札飞白巧克力蒸鸡蛋糕	绵密松软	蒸蛋糕时需要特别注意温度，若温度过高易导致蛋糕外部熟透，但中心的面糊还未完全熟透，造成蛋糕收缩下陷

乳沫类 [蛋黄、蛋白分开打发]

名称	口感形容	重点技法
覆盆子杏仁蛋糕	柔软湿润	使用杏仁膏前，可先将杏仁膏隔水加热至温热状态，这样进行搅拌才不易发生结粒现象
卵形烧	松软	挤卵形烧的面糊时，可先在一张烘焙用的白纸上画好所需的椭圆形大小，翻面后平铺在铁盘上使用；因烘烤时面糊会稍微扩散，所以挤入的面糊要略小于画好的椭圆形，这样成品的大小才不会误差太多
曼特宁巧克力覆盆子蛋糕	紧实湿润	在打发杏仁膏及全蛋、蛋黄部分时，为了将面糊温度保持在30℃左右，在搅拌时，可在钢盆下方放置温热水进行保温，这样才能让空气保存在面糊里，使蛋糕有良好的膨胀性
焦糖榛子蛋糕卷	松软	制作焦糖榛子时需注意糖焦化的程度，颜色大约是深琥珀色，若拌炒焦糖颜色过深，苦味也会随之增加
罗勒草莓蛋糕卷	绵密	煮制草莓果酱的配方中，添加了覆盆子果粒来增添莓果的特殊香气，若想制作出纯草莓卷也可以将覆盆子果粒替换成草莓果泥
秘鲁金字塔蛋糕	绵密紧实	制作好蛋糕面糊，在倒入烤盘后需将面糊抹平整，这样在组合好后，横切面才能够非常工整，这是一道非常适合训练基本功和刀工的甜点

面糊类［全蛋不打发，面糊拌和］

名称	口感形容	重点技法
蜂蜜肉桂玛德琳	紧实	制作玛德琳面糊时，若不喜欢肉桂风味，也可替换成柠檬皮屑或其他辛香料风味粉
圭那亚巧克力玛德琳	紧实	制作巧克力玛德琳面糊时也可使用调温巧克力，更能突显巧克力的特殊风味
费南雪	外酥内软	先将费南雪模具内涂抹黄油，放入冰箱冷藏备用。尤其在夏天室温容易过高，导致黄油融化而失去防粘黏的效果，所以操作前再从冰箱冷藏室取出模型使用为佳
酥菠萝巧克力费南雪	外酥内软	整形酥菠萝时除了使用粗网筛外，也可徒手把酥菠萝揉捏成颗粒状使用
热那亚蛋糕	紧实	在蛋糕上涂上杏桃百香果胶，是为了突显此款蛋糕的杏仁香，也可防止蛋糕体的水分流失
怀旧黑糖糕	有弹性	怀旧黑糖糕的蛋糕表面所撒上的白芝麻，可事先用烤箱拌炒，更能增添芝麻香气
乌干达布朗尼	紧实	在冬天制作布朗尼面糊时，要特别注意保持面糊温热，因为气温低容易使面糊中的巧克力凝结，导致面糊过于浓稠不易操作
香蕉蛋糕	柔软绵密	制作蛋糕面糊时，可使用调理机或均质机，将所有的材料（除了低筋面粉和泡打粉外）一起搅拌均匀，最后再拌入低筋面粉和泡打粉，可节省许多时间

蛋白类 [蛋白打发、蛋黄不打发]

名称	口感形容	重点技法
日式红茶威风蛋糕	松软绵密	在制作蛋白霜时需注意，若打发程度不够，蛋糕体在烘烤出炉后容易产生收缩现象
怀旧杏草威风蛋糕	松软绵密	在制作蛋白霜时若打发过度，会呈现一团团棉花状的块形，不易与面糊搅拌均匀，烤好的蛋糕体中若掺有这种生蛋白霜，会影响蛋糕的保存期限与品质
马达加斯加奶油蛋糕	松软绵密	在拌和蛋白霜与面糊时，应先取约1/3的蛋白霜与部分面糊搅拌，再将剩余2/3的蛋白霜加入，用刮刀轻柔地搅拌均匀即可，若搅拌过度会使面糊越拌越稀，导致烘烤后的蛋糕体体积缩水，蛋糕组织不松软绵密
天使蛋糕	绵密有弹性	打发蛋白霜时要注意蛋白的温度，蛋白在17 ~ 22℃时为最佳的打发状态，可保留打入的空气使蛋糕的膨胀性佳
蜗牛蛋白饼	酥脆	在挤巧克力蛋白饼时若担心大小不一，可事先在铺了烤盘纸的铁盘上，使用直径约5厘米的中空模沾取低筋面粉在烤盘上印出记号，再将蛋白饼于圆形记号中挤成螺旋状即可
厄瓜多尔巧克力冰棒蛋糕	紧实	制作厄瓜多尔巧克力冰棒，是稍微有些难度的烘焙技术，因为巧克力中的可可脂容易让蛋白打发出的气泡消失，所以蛋白和蛋黄应该先分别打发，最后再混合
黑樱桃巧克力蛋糕	紧实	黄油与巧克力一定要融化后再使用，如果还未完全融化就开始制作，容易残留着未融化的黄油块或巧克力块，使蛋糕体在烘焙后产生孔洞

名称	口感形容	重点技法
咕咕霍夫	紧实	制作蛋黄面糊时，在将融化巧克力加入蛋黄面糊时温度不能低于32 ~ 35℃，否则在拌和的过程中，会因温度较低而使巧克力开始凝结，而使面糊变得浓稠不易搅拌均匀
黑醋栗舒芙里	柔软	可先将煮好的蛋黄面糊覆盖上保鲜膜，避免风干，等蛋白霜打发好后再进行拌和

重奶油类 [全蛋不打发、糖油拌和]

名称	口感形容	重点技法
野生蓝莓马芬杯	紧实	糖油拌和好后，在加入蛋液时应避免一次性全部加入，否则会使面糊吸收不了而产生分离现象，当有此状况时可加入少许低筋面粉，一点点将其混合均匀改善分离现象
柠檬雪霜	紧实绵密	铺在蛋糕模里的烤盘纸需高过模型，如果烤盘纸太低，蛋糕在烘烤时容易溢出模型外，且完成后不易脱模
西西里开心果蛋糕	紧实	配方中所使用的开心果果酱，也可自行使用调理机将开心果粒打成泥状
香辛料咸味奶油蛋糕	紧实	香辛料可增强蛋糕的风味，配合蛋糕的甜味在食用时不会腻口，也可衬托出奶油独特的香气
缤纷棒棒糖蛋糕	酥松	制作重奶油蛋糕时，因黄油在夏天时较易熔化，而冬天不易熔化，最佳使用状态是在室温下使用手指轻压黄油，会稍微下陷，这样在搅拌时容易保存空气，使面糊内有足够的空气促使蛋糕膨胀
屋比派	松软	制作奶油馅时，黄油和糖粉要充分打发，因为拌入较多的空气化口性也会较佳

变化类［各种蛋糕体的组合变化］

名称	口感形容	重点技法
烤乳酪塔	软黏	塔皮面团搅拌后使用保鲜膜封好并轻轻压扁至厚薄一致，放置冷藏一晚使其面粉中的筋性能有足够的时间松弛，这样烘烤时塔皮较不易收缩
蒸白乳酪	香浓细滑	隔水蒸烤白乳酪时需注意炉温，过高容易导致表面龟裂，烘烤时若有此现象，可先将烤箱炉门开一道缝来散热降温，减少裂开现象
可丽饼甜筒	柔软	煎可丽饼时火候需特别注意，过高容易导致烧焦，如果锅子温度太高可以将锅底垫在湿布上借此冷却降温；如果可丽饼在煎时粘黏锅子，可以用纸巾蘸色拉油仔细涂抹锅内预防粘黏
山药小鸡蛋糕	外酥内软	搅拌好的小鸡面团分颗称好重量后，需覆盖上保鲜膜来防止面团风干，面团风干会导致烘烤时小鸡外表产生龟裂，尤其是操作较多数量时更需注意
薄荷盆栽蛋糕	丝滑柔顺	薄荷奶油的做法与煮卡士达奶油相似，将煮沸的牛奶一点一点加入蛋黄中，一边加入一边搅拌让材料混合均匀，如果将牛奶一次全部加入容易产生结块，需特别注意
焦糖玛奇朵	香浓细滑	制作咖啡奶油时，若想得到更明显的咖啡香，可将咖啡豆敲碎后泡在动物性鲜奶油中，并盖上保鲜膜放入冰箱冷藏一晚
香槟蜜桃杯	松软绵密	制作水蜜桃冻与蜜桃奶油时，若需去除酒精成分，建议可先将水蜜桃酒、香槟、果泥、砂糖一同煮沸使其挥发掉酒精，只保留酒的香气，去除酒精后孩子也可以一同食用
青苹果瑞士卷	丝滑柔顺	组合青苹果时，将脱模的上下部结合好后，在接缝处涂抹的奶油可用抹刀抚平成无接缝的外观，这样成品较为美观

名称	口感形容	重点技法
夏洛特洋梨	丝柔滑顺	制作焦糖奶油时需注意，将砂糖和葡萄糖加热至大滚发出沸腾的声音后，将火调小并持续加热煮至褐色，在此时加入煮沸的鲜奶油搅拌均匀，若鲜奶油没有加热煮沸就直接冲入焦糖中会使焦糖四处喷溅，且焦糖遇冷后会凝结成块，使用时还需再次加热使其融化，这样会浪费时间
云朵柠檬蛋白霜	紧实	制作柠檬蛋白霜时，可使用放至冷藏室一星期以上的蛋白，此时筋性已不是很强，是最为理想的状态。另外在打发时，若有油脂混入其中，就会很难打发泡，所以务必使用干净的钢盆及搅拌器来打发
智利酪梨奶油蛋糕	香浓细滑	此款甜点是以新鲜酪梨皮当外衣，若想整体都可以食用，可在挖空的皮里涂抹上有一定厚度的巧克力，待其冷却凝固后再将酪梨皮撕去即可得到一个可食用的酪梨造型壳
栗子蒙布朗	酥松绵密	制作塔皮时，在加入低筋面粉后，如果搅拌混合不足，就无法将面糊集中整合起来而导致龟裂，反之若混合过度，烤好后的塔皮会太硬，必须特别小心
圣诞树根蛋糕	松软绵密	制作巧克力香缇奶油时，如果要即刻食用，卷入蛋糕的香缇奶油要打发得硬一点，这样在分切时香缇奶油才不会流出，相反则要打发得软一些，因为海绵蛋糕会吸收水分使香缇奶油凝固
宝岛地瓜烧	柔顺紧实	因甘薯的纤维很多，制作甘薯馅时可先将甘薯泥放在筛网上过筛，做法是手持木勺平压甘薯泥，由上到下像画对角线般，斜向移动木勺，即可轻易过筛

FUNDAMENTAL
SKILLS

蛋糕制作 / 基础技巧

蛋糕在制作过程中有许多技巧，每项动作和技巧都有特殊的目的和作用，即使完全按照食谱的方法去做，也有可能因技巧不成熟或动作不正确，进而影响做出的蛋白霜和面糊状态，所以建议读者熟记本书中的基本技巧并反复练习，日后将受用无穷。

打发篇

打发蛋白

1. 在搅拌盆中加入所需蛋白，使用搅拌器搅打。
2. 分三次加入细砂糖，避免气泡变得松散。
3. 加完细砂糖后用搅拌器或台式搅拌器快速打发。

　　依此步骤可以制作出光泽细腻的蛋白霜。不同的蛋糕种类，所需的打发程度也会有不同的变化。

·湿性发泡	·干性发泡
打至五六分发，此时将打蛋器举起，蛋白泡沫仍会自打蛋器滴垂下来，此阶段称为湿性发泡，适合口感绵密湿润的产品，例如轻乳酪蛋糕与天使蛋糕。	也称硬性发泡，湿性发泡再继续打发，打至八九分发，至打蛋器举起后蛋白泡沫不会滴下的程度，为干性发泡，适合需要膨松口感的产品，例如戚风蛋糕。

打发意式蛋白霜

1. 将蛋白放到干燥钢盆里（钢盆里要避免有任何蛋黄或油脂以免打不发），用电动搅拌器快速打出泡沫，打到拿起打蛋器蛋白尾巴呈现弯曲的状态即可（湿性发泡）。

2. 将水和细砂糖混合，煮至121℃。如果没有温度计，可以将糖浆滴入到冷水中，如果马上凝结成团状（碗中间有个凝结的透明水珠），就表示温度合适。

3. 将煮好的糖浆以线状慢慢倒入蛋白霜中，同时高速搅打，打到拿起打蛋器蛋白霜尾巴呈现挺立有光泽的状态即可，也就是一边快速搅拌，一边慢慢倒入糖浆，需注意的是太快倒入糖浆会导致蛋白霜不易打发。

打发鲜奶油

　　在搅拌盆中加入所需鲜奶油，使用手持搅拌器或台式搅拌器快速打发，根据不同用途，所需的打发程度也会有所变化。"打发至六分硬度"至质地浓稠，几乎看不到气泡所形成的立体角状，适合用来制作慕斯类产品。"打发至八分硬度"至气泡所形成的立体角状挺直坚立，适合用来涂抹海绵蛋糕或面积较大的蛋糕卷，以及用在鲜奶油装饰上。

筛粉篇

对于食谱中的粉类，一定要先过筛才可使用，遇到较细致的粉类，可用孔径较小的筛网来过筛。而像杏仁粉等颗粒较大的粉类，就需要使用孔径较大的筛网过筛，粉类过筛后在搅拌面糊时就不容易产生结粒疙瘩。

混合篇

在混合打发过的面糊和粉类时，要顺时针方向搅拌，并以橡皮刮刀来混合。

例如，搅拌海绵蛋糕面糊时，就要横向移动橡皮刮刀来混合，混合的时候要沿着搅拌盆的圆弧边舀起，再让面糊在正中央落下，然后像切东西般使用刮刀纵向混合，同时以逆时针方向转动搅拌盆，重复此步骤就可以快速地混合搅拌均匀，气泡也不易消失。

装饰篇

镜面果胶淋酱

通常用于装饰好的蛋糕水果上，除能增加美观度及亮度以外，还具有保湿的效果。

镜面果胶若太浓稠可加入少许矿泉水来调整浓稠度。做法：将镜面果胶与矿泉水以10：1的比例，一同搅拌均匀后即可使用。

巧克力淋酱

在蛋糕表面淋上巧克力酱，表面会呈现温润的光泽感，并增添风味。

裹糖衣

在蛋糕表面涂上糖衣，除了能增强其风味外，还能防止蛋糕表面干燥。

上亮油

将鸡蛋敲出后，使用打蛋器将蛋打成液体过筛后即可使用。通常都是在烘烤前使用毛刷将蛋液轻轻地刷在烘焙物上，能够让烘焙物更加美观并增加亮度和香气，也不容易干燥。

模具涂油

将室温下的黄油用毛刷蘸取后，涂抹于即将使用的模具上，以避免模具与物体粘黏，方便脱模取出。

裱花袋使用篇

自制裱花袋

1. 将纸裁成约30厘米大小的直角三角形。

2. 将纸的90°角部分内卷成圆锥状，用手将纸卷至紧实。

3. 填入内馅，将封口压紧往下对折2~3折，在折的时候要小心不要让圆锥体变形，将尖端剪一小口即可挤出内馅。

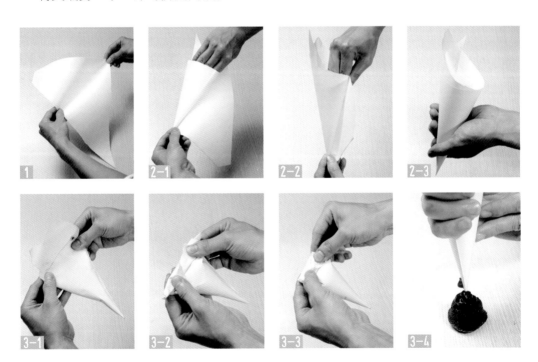

裱花袋使用法

·装上裱花嘴

1. 准备干净的裱花袋，把裱花嘴前端套入裱花袋中。
2. 使用手指边捏边将裱花嘴往前推，让裱花嘴从裱花袋前端的孔洞突出并卡住固定。

·装上奶油或面糊

1. 手持裱花袋将花嘴朝下，尾端袋口往外翻折下来填入奶油或面糊，这样填装时不易滑动。
2. 填装好后使用手或刮板往前端挤压出多余空气。

·裱花

1. 拧一下袋口，用右手的大拇指与食指夹住，裱花嘴用左手大拇指与食指夹住，将前端裱花嘴塞起来的部分向外拉。
2. 用右手慢慢地将奶油或面糊挤出来，左手只要扶住裱花嘴前端即可。

自制酱料篇

果胶做法

　　将水煮沸后，倒入事先混合好的细砂糖与果冻粉，搅拌均匀后再次煮沸，降至温热后即可使用。

自制草莓果泥

　　将草莓洗净沥干水分，使用手持搅拌器打成泥状，加入约为果泥重量10％的细砂糖，煮开后放凉即可使用。

自制焦糖酱

1. 将鲜奶油烧热后加入咖啡豆，小火煮约15分钟后过筛。
2. 将细砂糖、麦芽糖煮焦化后，把步骤1冲入焦糖中搅拌均匀。
3. 将水加入吉利丁粉静置成吉利丁块，加入步骤2中搅拌均匀。
4. 将盐之花加入步骤3中搅拌均匀，并冷却降温至45℃。
5. 将黄油加入步骤4中即可。

卡士达酱做法

1. 将蛋黄、全蛋、细砂糖搅拌均匀，加入过筛的卡士达粉、面粉并搅拌均匀。

2. 将牛奶煮沸冲入步骤1中搅拌均匀，回煮至82℃再加入黄油。

3. 抹平于铺了保鲜膜的铁盘上，冷却包好备用。

取香草籽

将香草荚用剪刀剪开，使用小刀的刀背将香草籽刮取出来。

自制塔皮篇

手工塔皮的做法

1. 将黄油及糖粉混合搅拌均匀后，将全蛋分次慢慢加入搅拌均匀。

2. 加入粉类材料混合搅拌均匀（此做法称为糖油拌和法）。

3. 将搅拌好的塔皮面团用保鲜膜包覆好，放入冷藏室内松弛1宿。

4. 松弛后将塔皮取出，再依照塔模的大小来分取面团的克数。

5. 圆形塔制作：先将分好重量的塔皮面团用手轻压成圆形后，使用擀面棍擀成适合模具的大小，然后放入塔模内，将塔皮随着塔模的形状捏匀，去除多余塔皮，在底部戳出气孔。

6. 在塔皮上铺一层锡箔纸或烤纸，并倒入米粒，放入烤箱以上火200℃／下火170℃烘烤15～20分钟即可。

烤纸篇

烤纸裁切法

1. 将烤纸放入烤盘中量大小，必须比烤盘大一些，以高过烤盘为基准，然后把多余的部分裁切掉。
2. 先把烤纸对折，再将斜对角折出三角形裁开。
3. 用同样的方式将另一面斜对角裁开。

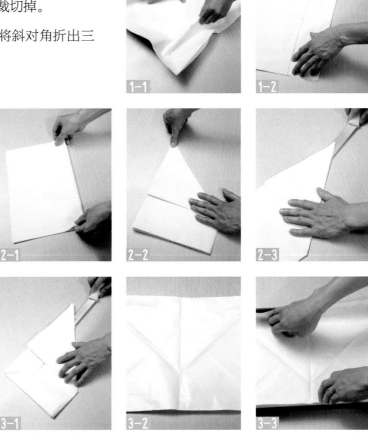

脱烤纸法

在蛋糕表面盖上烤纸及木板，将烤盘和木板一起压紧，翻面即可取下烤模，将蛋糕四边拉平后，再将烤纸撕下。

蛋糕卷法

将擀面棍抵在烤纸下，由蛋糕边缘往前卷起成密实的卷筒状，然后一边往前卷起蛋糕，一边将卷着烤纸的擀面棍往反方向卷推，卷起时不要有缝隙，卷完后可以使用擀面棍从上按压烤纸让卷过的地方更密实。

奶油装饰篇

蛋糕体奶油装饰法

1. 把鲜奶油舀到蛋糕上面，用抹刀左右移动轻轻抹匀，同时转动转台，让鲜奶油均匀地盖住整个蛋糕。

2. 涂抹侧面时，要将抹刀垂直紧立并同时转动转台，将侧面边转边涂抹一圈。

3. 将突出的奶油往内侧抹匀，并小心不要压垮边缘的90°角。

基本奶油裱花法

1. 挤出奶油后向右下方拖拽旋转一圈后再拉起。
2. 从上方定点挤至下方定点，一边挤一边上下移动。
3. 由上到下，维持稳定的力度成一条直线地挤过来。
4. 挤出一个圆锥形高度后，往下压再朝正上方提起。
5. 由左上方向右下方旋转挤出小旋涡般的花样。

CHAPTER

1

乳沫类 / 全蛋打发

口感：松软

鸡蛋、糖、面粉是乳沫类蛋糕最基本的材料，因成品松软，组织形似海绵，所以被称为海绵蛋糕。为了降低海绵蛋糕的韧性，会添加黄油或植物油等柔性材料来调整口感。

乳沫类蛋糕有两种打发法：蛋黄与蛋白分开搅打法和全蛋与糖搅打法，本章节介绍"全蛋与糖搅打法"。全蛋与糖搅打法是将鸡蛋与糖搅打起泡后，再加入其他原料搅拌均匀的一种方法。制作过程是将配方中的全部鸡蛋和糖一起放入搅拌机，先用慢速搅打2分钟，待糖与蛋混合均匀，再改用快速搅打至蛋糊能竖起但不很浓稠的状态，然后再改用中速搅拌至蛋糖呈乳白色时，用手指勾起，蛋糊过2秒会慢慢地流下时，慢慢加入过筛的面粉搅拌均匀，之后取一小部分面糊加入融化的黄油中轻轻搅拌均匀，最后倒回面糊中搅拌均匀即可。

香草海绵蛋糕

　　海绵蛋糕是乳沫类蛋糕的一种，具有由蛋和糖搅打出来的泡沫和面粉中的麸质结合而成的网状结构，内部组织有大大小小的孔洞，因此称为海绵蛋糕。西点中，海绵蛋糕扮演着很重要的角色，除了可以作为蛋糕底装饰成奶油蛋糕之外，直接吃也非常美味。

 准备

烤箱温度	上火200℃／下火150℃
烘烤时间	约15分钟
成品分量	约4人份（1盘）
使用道具	烤盘（宽24厘米×长34厘米）
	台式搅拌机
	钢盆
	橡胶刮刀
	筛网
	L形抹刀

 材料

全蛋240克	玉米淀粉24克
细砂糖120克	黄油36克
低筋面粉80克	牛奶36克

 TIPS　制作海绵蛋糕时，最好将原料（尤其是鸡蛋）还原成室温状态再使用，以利于打发泡且不易消泡。

做法

1. 将面粉与玉米淀粉一同过筛后备用。

2. 将全蛋、细砂糖一起倒入搅拌机内，快速打发成浓稠状，转成中速增加稳定度，打至面糊浓稠，捞起面糊1~2秒才滴落的状态即可。

3. 把牛奶、黄油一起隔水融化并保持温热状态。

4. 将筛好的面粉与玉米淀粉，逆时针从中间往外切拌，慢慢地拌入步骤2中搅拌均匀。

5. 先取步骤4约1/3的面糊，加入步骤3中搅拌均匀后，再全部倒回到步骤4的面糊中搅拌均匀。

6. 完成后倒入模具内，使用L形抹刀抹平后，进烤箱以上火200℃／下火150℃烘烤约15分钟即可。

巧克力海绵蛋糕

如果不喜欢有蛋味的海绵蛋糕，可以试试巧克力海绵蛋糕。添加了可可粉的海绵蛋糕充满了巧克力的香味以及像云朵般轻柔的口感，大人和小孩都会爱上它。

 准备

烤箱温度	上火200℃ / 下火150℃
烘烤时间	约15分钟
成品分量	约4人份（1盘）
使用道具	烤盘（宽24厘米×长34厘米） 台式搅拌机 钢盆 橡胶刮刀 筛网 L形抹刀

 材料

全蛋230克	可可粉18克
细砂糖115克	黄油40克
低筋面粉55克	牛奶30克
玉米淀粉25克	

 TIPS

1. 步骤4的面糊不可过度搅拌，慢速小心搅拌将面粉搅拌均匀即可，否则会破坏面糊中的气泡影响蛋糕的体积，导致烘烤后的蛋糕体不够蓬松。

2. 制作面糊时要注意牛奶及黄油的保温（40~50℃），如果温度太低或搅拌不均匀，容易沉淀在蛋糕底部，形成一块油皮面糊，导致口感不佳。

做法
——

1. 将面粉与玉米淀粉、可可粉一同过筛后备用。

2. 将全蛋、细砂糖一起倒入搅拌机内，快速打发成浓稠状，转成中速增加稳定度，打发至面糊浓稠，用手捞起面糊1~2秒才滴落的状态即可。

3. 将牛奶、黄油一起隔水融化并保持温热状态。

4. 将筛好的面粉与玉米粉、可可粉慢慢地拌入步骤2中搅拌均匀。

5. 先取步骤4约1/3的面糊，加入步骤3温热融化的牛奶、黄油中搅拌均匀，再全部倒回到步骤4的面糊中搅拌均匀。

6. 完成后倒入模具内，使用L形抹刀或塑胶刮板抹平后，进烤箱以上火200℃／下火150℃，烘烤约15分钟即可。

肉桂甘薯蛋糕

准备

烤箱温度	上火200℃／下火160℃
烘烤时间	30~35分钟
成品分量	一份约400克
使用道具	造型铁模（直径16厘米×高6.2厘米） 台式搅拌机 钢盆 手持式锅 橡胶刮刀 裱花袋

在蛋糕里加入甘薯是十分讨人喜欢的，特别是添加了焦糖肉桂，让肉桂特有的辛甜味道将甘薯的香气衬托出来，口感更加细腻，真的是很完美的组合，非常适合做秋冬季节的甜点。

材料

糖煮甘薯

细砂糖22克

肉桂粉2克

水217克

柠檬皮屑0.5克

切丁甘薯200克

甘薯蛋糕体

全蛋67克

细砂糖67克

材料A：

低筋面粉33克

杏仁粉47克

榛子粉40克

泡打粉6.5克

盐0.5克

色拉油17克

甘薯泥167克

TIPS

如果想得到绵密口感的甘薯泥，可把用糖煮好的甘薯过筛筛掉粗纤维再使用。

做法

糖煮甘薯

1. 把细砂糖和肉桂粉煮至焦糖化。

2. 将煮沸的水冲入步骤1中，再加入柠檬皮屑搅拌均匀。

3. 将切丁甘薯放入步骤2中熬煮20~30分钟，直到用竹签可轻易刺穿的程度。

4. 将煮好的甘薯捞起，沥干水分冷却备用。

甘薯蛋糕体

1. 将全蛋和细砂糖放入搅拌缸中打发至浓稠。

2. 将混合过筛的材料A倒入步骤1，用橡皮刮刀轻轻混合搅拌均匀，再将色拉油加入搅拌均匀。

3. 将步骤2分次拌入甘薯泥中。

4. 将面糊挤入模具约八分满，用上火200℃／下火160℃烘烤约30分钟即可。

香柚蛋糕

到了中秋节就会想到应景的香柚蛋糕，充满柚香的清爽气息，不甜不腻，搭配无糖茶饮，在月光下食用别有一番意境。

 准备

烤箱温度	上火210℃／下火150℃
烘烤时间	约12分钟
成品分量	一口大小约22个
使用道具	15洞半球形硅胶烤模（直径4厘米）
	烤盘
	台式搅拌机
	钢盆
	橡胶刮刀
	筛网

 材料

全蛋55克	泡打粉1.5克
细砂糖50克	柚子酱22克
低筋面粉50克	黄油60克

 TIPS

1. 也可将配方中的柚子酱替换成自己喜爱的口味。
2. 事先将模具里涂满黄油或喷上烤盘油备用，可避免成品脱模时粘黏。

做法

1. 将面粉、泡打粉和细砂糖混合均匀过筛。

2. 将全蛋放入搅拌盆中，并加入步骤1一起打发至浓稠。

3. 将柚子酱加入步骤2中搅拌均匀。

4. 将黄油融化并保持在40~50℃，与步骤3混合搅拌均匀。

5. 将步骤4的面糊挤入模具中约九分满，用上火210℃／下火150℃烘烤12分钟即可。

热那亚香蕉巧克力蛋糕卷

 准备

烤箱温度	上火200℃／下火150℃
烘烤时间	约18分钟
成品分量	约8人份（1盘）
使用道具	烤盘（宽24厘米×长34厘米）
	台式搅拌机
	钢盆
	手持式锅
	橡胶刮刀
	L形抹刀
	打蛋器

 香气浓郁的香蕉与巧克力绝对是超级搭配的好朋友，做成香蕉巧克力蛋糕后，一阵阵香气扑鼻，绵密的口感与浓浓的巧克力卡士达，搭配巧克力香缇一起吃，甜蜜幸福的滋味让人不自觉嘴角上扬，心情也跟着飞扬。

 材料

蛋糕体

一盘（做法请参考
p59巧克力海绵蛋糕）

巧克力香缇

动物性鲜奶油100克

植物性鲜奶油150克

巧克力50克

新鲜香蕉2根

巧克力屑 适量

巧克力卡士达

牛奶32.5克

牛奶80克

蛋黄11克

细砂糖28克

卡士达粉14.5克

黄油27克

黑巧克力18克

动物性鲜奶油30克

朗姆酒2.5克

 TIPS

巧克力香缇请使用前再制作，因为配方中加入了黑巧克力，会导致香缇鲜奶油慢慢地凝结收缩，不易挤出成形。

做法

蛋糕体

做法请参考p59的巧克力海绵。

巧克力卡士达

1. 将蛋黄放入钢盆内，加入细砂糖搅拌均匀，再加入32.5克牛奶及卡士达粉搅拌均匀备用。

2. 将80克牛奶煮沸后，冲入步骤1中回煮至82℃。

3. 将黄油加入步骤2，搅拌均匀。

4. 将黑巧克力加入步骤3的卡士达馅中，搅拌均匀后倒入铺好保鲜膜的烤盘中封好，冷藏备用。

5. 将鲜奶油及朗姆酒加入搅拌盆内打发。

6. 将打发好的鲜奶油拌入冷却好的卡士达馅内即可。

巧克力香缇

1. 将动物性鲜奶油和植物性鲜奶油放入搅拌盆内打发。

2. 将巧克力隔水融化后，加入步骤1内搅拌均匀即可。

装饰及组合

1. 将蛋糕体放在烤盘纸上，并抹上一层巧克力卡士达，放上1根已剥皮的香蕉。

2. 用擀面棍将其卷起成蛋糕卷。

3. 在裱花袋内装入巧克力香缇，在蛋糕体侧面挤出长条状装饰，再沾上巧克力碎片，切成约3厘米厚，蛋糕上方挤上香缇鲜奶油并装饰巧克力片。

4. 将切成薄片的香蕉撒上细砂糖，用喷枪烤到表面砂糖焦化，放在蛋糕上装饰即可。

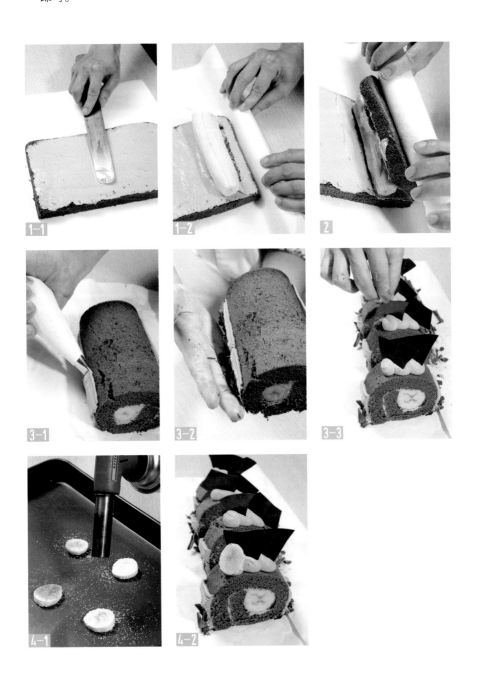

怀旧蜂蜜大理石蛋糕

 准备

烤箱温度	上火180℃／下火150℃
烘烤时间	约25分钟
成品分量	约6人份（1盘）
使用道具	烤盘（宽24厘米×长36厘米） 台式搅拌机 钢盆 橡胶刮刀 筛网 L形抹刀

因为有着像大理石般的纹路而得名。采用产生大理石纹的拌面糊手法，让蛋糕切开后每一片的纹路都不相同，这也是很有趣的惊喜喔！

 TIPS

 材料

蜂蜜蛋糕面糊

蛋白200克	牛奶98克
蛋黄100克	蜂蜜45克
细砂糖75克	色拉油60克
低筋面粉60克	SP（乳化剂）16克
高筋面粉64克	

可可面糊

可可粉5克

蜂蜜蛋糕面糊25克

1. 何谓SP（乳化剂）：能使油和水不分离的材料，因为乳化剂可以在两种液体表面发生作用，产生均匀的溶液。

2. 不加SP（乳化剂）的成品状态，像香草海绵蛋糕一样松软，但无法形成绵密细致的组织。

3. 大理石面糊混拌法：在搅拌蜂蜜面糊与可可面糊时，只需在面糊中划一次十字形，再倒入烤盘中即会呈现大理石纹，若搅拌过度纹路则会不明显。

4. 加入蜂蜜、牛奶、色拉油前需将搅拌机调至最慢速，一点点慢慢加入上述材料搅拌均匀，使面糊的气泡较均匀，烤出来的口感才会较为绵密。

做法

1. 将高筋面粉和低筋面粉一起过筛后备用。

2. 将蛋白、蛋黄、细砂糖打匀，加入步骤1搅拌均匀后，使用快速打约10分钟，彻底将原料混合均匀。

3. 将SP（乳化剂）加入步骤2的面糊内，快速打发至面糊浓稠。

4. 将牛奶、蜂蜜、色拉油加温后，慢慢加入步骤3的面糊内搅拌均匀。

5. 取步骤4的面糊20克与可可粉5克，搅拌均匀制成可可面糊。

6. 将可可面糊倒入步骤4中，轻轻搅拌两次呈现大理石纹路。

7. 将呈大理石花纹的面糊倒入铁盘中，用L形抹刀抹平后即可进炉烘烤。

札飞白巧克力蒸鸡蛋糕

西式蛋糕很多时候都需要用上较多的黄油、砂糖，让热量偏高。运用水蒸制作的蛋糕，可以做到少糖少油，再花些心思在其上做些装饰便成了精致可爱的糕点。

准备

蒸笼温度	94~95℃
蒸制时间	约15分钟
成品分量	约11杯
使用道具	烘烤模具（直径7.5厘米×高3厘米）
	台式搅拌机
	钢盆
	橡胶刮刀
	筛网
	手持式锅
	裱花袋
	平口裱花嘴（直径2厘米）

材料

全蛋125克	SP（乳化剂）8克
细砂糖90克	低筋面粉100克
转化糖20克	盐1克
牛奶17克	调温白巧克力15克
植物油40克	

TIPS

请注意蒸笼温度需控制在94~95℃，若温度太高容易造成蛋糕表面产生裂痕。

做法

1. 将全蛋、细砂糖、转化糖一起搅拌均匀。

2. 将牛奶、植物油、白巧克力一起隔水融化备用。

3. 将面粉与盐过筛后，加入步骤1中，用快速搅打匀2分钟。

4. 加入SP（乳化剂）后打发约3分钟后，转慢速搅拌，接着慢慢分次倒入步骤2搅拌。

5. 搅拌均匀后即可用裱花袋挤入模具，以94~95℃的蒸笼蒸15分钟。

6. 可以使用烧红的烙铁在蛋糕表面烙出图形作为装饰。

CHAPTER

2

乳沫类 /
蛋黄、蛋白分开打发
口感：柔软湿润

　　本章节介绍乳沫类蛋糕的第二种打发法"蛋黄、蛋白分开搅打法"，使用此法通常需将蛋白、蛋黄分开打发，因此需要分两次制作，如有两台搅拌机可同时操作，面糊不易因等待另一部分打发而消泡。将蛋白打至干性发泡，蛋黄和糖则打发至浓稠状，先取1/3的蛋白霜加入打发的蛋黄中，轻轻搅拌均匀再将剩下的蛋白霜加入，搅拌均匀，把过筛的面粉慢慢加入搅拌均匀，最后取一小部分面糊加入融化的黄油中轻轻搅拌均匀，最后倒回面糊中搅拌均匀即可。

覆盆子杏仁蛋糕

准备

烤箱温度	上火200℃ / 下火150℃
烘烤时间	30分钟
成品分量	一口大小约27个
使用道具	54洞硅胶烤模（直径4厘米）
	烤盘
	台式搅拌机
	钢盆
	橡胶刮刀
	筛网

杏仁蛋糕是柔软湿润的蛋糕，它的组织丰厚，味道多层次，可夹着新鲜水果或果酱一同烘焙，入口有浓郁的杏仁香气和柔软滋润的口感，美味不甜腻。

材料

蛋糕体

杏仁膏125克

全蛋40克

蛋黄22.5克

低筋面粉17.5克

玉米淀粉17.5克

蛋白30克

细砂糖12.5克

黄油37.5克

糖渍覆盆子

冷冻覆盆子粒150克

细砂糖30克

TIPS

1. 如果直接使用冷冻的覆盆子，冰融化后容易出水，可以与细砂糖混合先静置1晚，而且与细砂糖融合后可以降低酸味。

2. 使用糖渍覆盆子前，需将糖液滤干才可使用，这样覆盆子的糖液才不会渗透到蛋糕表面，造成潮湿。

糖渍覆盆子

将覆盆子粒及细砂糖放入钢盆中静置一宿。

蛋糕体

1. 将杏仁膏放入搅拌缸中，用桨状搅拌器打软，分次将全蛋和蛋黄一点一点加入搅拌均匀，再换成球形搅拌器打发。

2. 以橡皮刮刀拌入过筛的面粉和玉米淀粉于步骤1中。

3. 将步骤2加入隔水融化的黄油中搅拌均匀。

4. 将蛋白和细砂糖打发至硬性发泡后分次加入步骤3中搅拌均匀。

5. 将步骤4的面糊倒入模具中约1/2高，在中间放一层糖渍覆盆子，最后以面糊填入模具约八分满，以上火200℃／下火150℃烘烤30分钟。

卵形烧是来自日本的鸡蛋糕的进阶版，因为"卵"在日文中是鸡蛋的意思，其形态也仿造鸡蛋的颜色及椭圆形状，吃起来也有鸡蛋般的柔软口感，是一道兼具视觉与口感的鸡蛋糕点心。

准备

烤箱温度	上火220℃／下火150℃
烘烤时间	12分钟
成品分量	约32组
使用道具	烤盘（宽40厘米×长60厘米）
	台式搅拌机
	钢盆
	塑胶刮刀
	裱花袋
	平口裱花嘴（直径1厘米）

材料

蛋糕体	香缇鲜奶油内馅
蛋白105克	植物性鲜奶油100克
细砂糖50克	动物性鲜奶油200克
塔塔粉1克	白兰地3克
蛋黄91克	细砂糖20克
细砂糖31克	
SP（乳化剂）8克	
色拉油22.5克	
低筋面粉65克	
糖粉 适量	

做法

————

蛋糕体

1. 将蛋黄与31克细砂糖搅打均匀后加入SP（乳化剂），打发至浓稠。

2. 将色拉油加入步骤1中用慢速搅拌均匀备用。

3. 将蛋白、50克细砂糖、塔塔粉打发至硬性发泡。

4. 将步骤1和步骤3混合搅拌均匀。

5. 将过筛的面粉加入步骤4中搅拌均匀。

6. 将混合好的面糊装入裱花袋，挤成椭圆形，并撒上糖粉，烘烤约12分钟。

香缇鲜奶油内馅

将全部材料一同混合打
发即可。

装饰及组合

在一片卵形烧底部挤上香缇鲜奶油，再盖上另一片
卵形烧即可。

TIPS

1. 因动物性鲜奶油在打发后容易回软，不易操作，所以加入性质稳定的植物性
   鲜奶油，混合打发后，得到呈现稳定状态的鲜奶油以方便操作。
2. 卵形烧面糊的挤法：使用平口裱花嘴，由左到右挤一条线，再由右到左挤一
   次堆叠在线上，共需挤三次。
3. 因糖粉容易被面糊吸收，所以在挤好的面糊成品上反复均匀撒上两次糖粉，
   这样烘烤后的成品才会外酥内软。
4. 等成品冷却之后，再打发鲜奶油。过早打发好香缇鲜奶油易产生回软现象，
   而不易操作。
5. 内馅所夹的香缇奶油，可依个人喜好加入果酱或使用其他各种口味的香缇
   奶油。

曼特宁巧克力覆盆子蛋糕

特别的覆盆子淋酱刷在巧克力蛋糕体外面，以覆盆子巧克力酱的果酸香气中和了巧克力的甜腻，香甜纯美的滋味让人难以忘怀。

准备

烤箱温度	上火200℃／下火150℃
烘烤时间	约35分钟
成品分量	约4条（1条约250克）
使用道具	长条模具（宽5厘米×长27厘米）
	台式搅拌机
	钢盆
	橡胶刮刀
	筛网
	裱花袋

材料

蛋糕体	覆盆子甘纳许
杏仁膏303克	动物性鲜奶油39克
全蛋246克	麦芽糖13.5克
蛋黄123克	覆盆子果泥21.5克
高筋面粉25克	草莓果泥17.5克
低筋面粉25克	细砂糖14.5克
泡打粉8克	黑巧克力39克
黑巧克力180克	牛奶巧克力31克
黄油90克	
白兰地12克	覆盆子果胶
	杏桃果胶160克
装饰	覆盆子果泥150克
白醋栗、覆盆子、蓝莓等时令水果 适量	

TIPS

1. 如蛋糕体出炉后外观不平整，可将蛋糕体四边多余的部分切齐，这样比较好看。
2. 铺在蛋糕模里的烤盘纸侧面，一定要高出模具，如纸边露太短，蛋糕面糊在烘烤时会膨胀溢到模具外。

做法

蛋糕体

1. 将杏仁膏打软后，将全蛋、蛋黄分次加入并使用桨状搅拌器搅拌均匀。

2. 换成球状搅拌器将步骤1打发。

3. 将黑巧克力与黄油隔水融化，拌入步骤2。

4. 将高筋面粉、低筋面粉与泡打粉过筛后，拌入步骤3中搅拌均匀。

5. 将白兰地拌入步骤4中搅拌均匀，填入模具中约八分满，进炉用上火200℃／下火150℃烘烤约35分钟。

覆盆子甘纳许

1. 将鲜奶油、麦芽糖煮至沸腾，冲入黑巧克力与牛奶巧克力中，将巧克力融化并搅拌均匀。

2. 将覆盆子果泥、草莓果泥加入刚煮沸的步骤1中搅拌均匀，将其均质即可。

覆盆子果胶

将杏桃果胶和覆盆子果泥一同煮沸冷却。

组合

1. 将蛋糕横切成3片，在蛋糕中间抹上覆盆子甘纳许后，叠成原来的蛋糕体。

2. 刷上事先煮好的覆盆子果胶，在表面装饰白醋栗、覆盆子、蓝莓等新鲜水果即可。

焦糖榛子蛋糕卷

准备

烤箱温度	上火200℃ / 下火150℃
烘烤时间	约15分钟
成品分量	约8人份（1盘）
使用道具	烤盘（宽24厘米×长34厘米）
	台式搅拌机
	钢盆
	橡胶刮刀
	筛网
	手持式锅
	L形抹刀
	打蛋器

此款蛋糕融合了咖啡的绝佳风味与焦糖榛子散发的诱人香气，其中焦糖榛子提供了酥脆的独特口感，可让人轻松地享受一个人的下午时光。

材料

蛋糕体（1盘量）

榛子粉60克

水25克

蛋白11克

咖啡粉4.5克

低筋面粉15克

高筋面粉15克

细砂糖70克

蛋黄75克

打发蛋白

蛋白49克

细砂糖22克

榛子奶油

牛奶80克

动物性鲜奶油16克

蛋黄14克

细砂糖12克

榛子酱18克

吉利丁粉3克

水15克

打发动物性鲜奶油130克

焦糖酱

动物性鲜奶油140克

咖啡豆16克

细砂糖80克

麦芽糖44克

水10克

吉利丁粉2克

盐之花0.8克

黄油78克

焦糖榛子粒

细砂糖42克

水14克

榛子粒125克

黄油5克

蛋糕体

1. 将细砂糖、榛子粉、蛋白混合搅拌成面糊。

2. 将水煮沸，加入咖啡粉煮成咖啡液，与步骤1的面糊一同搅拌均匀，再加入蛋黄打发至浓稠状。

3. 制作打发蛋白。将蛋白和细砂糖打发至硬性发泡，分次加入步骤2中搅拌均匀。

4. 把过筛后的高筋面粉和低筋面粉倒入步骤3的面糊中，边倒边搅拌均匀。

5. 将步骤4的面糊抹平于铁盘中，用上火200℃／下火150℃烘烤15分钟。

榛子奶油

1. 将牛奶与鲜奶油煮沸，冲入搅拌均匀的蛋黄和细砂糖中，并用小火回煮至82℃。

2. 将吉利丁粉与水加入步骤1中搅拌均匀。

3. 将榛子酱加入步骤2中搅拌均匀，并降温至30℃。

4. 将打发动物性鲜奶油拌入步骤3中即完成榛子奶油，若奶油流动性太好，可将钢盆底部放在冰水中使其稍为凝结，更容易操作。

焦糖酱

1. 将动物性鲜奶油煮热后加入咖啡豆，小火煮约15分钟后过筛。

2. 将细砂糖和麦芽糖煮焦化后，把步骤1冲入焦糖中搅拌均匀。

3. 将水加吉利丁粉静置成吉利丁块，加入步骤2中搅拌均匀。

4. 将盐之花加入步骤3中搅拌均匀，冷却降温至45℃。

5. 将黄油加入步骤4中即可。

焦糖榛子粒

1. 事先将榛子粒烤至半熟。

2. 将细砂糖和水煮至112℃，倒入榛子粒拌炒至焦化后熄火。

3. 加入黄油后搅拌均匀，倒入铁盘中铺平冷却，冷却后取一半压碎备用。

装饰及组合

1. 将榛子蛋糕体放在烤盘纸上，并抹上一层榛子奶油。

2. 在蛋糕上撒上焦糖榛子碎粒。

3. 用擀面棍将其卷起成蛋糕卷，塑形，放入冰箱冷藏10分钟。

4. 将焦糖酱挤在上方，装饰上整颗的焦糖榛子粒及巧克力棒即可。

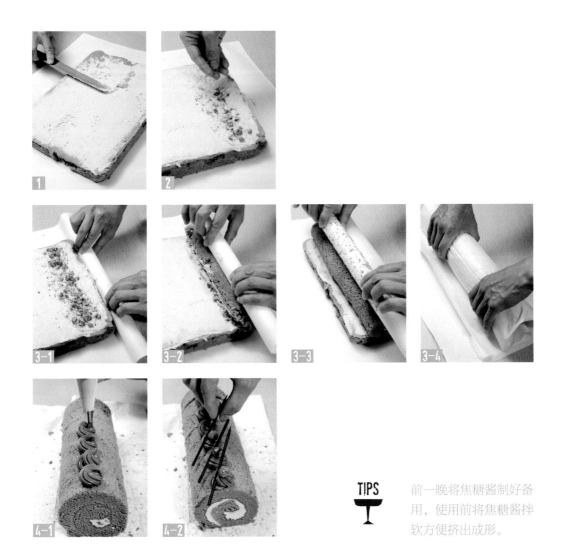

TIPS 前一晚将焦糖酱制好备用，使用前将焦糖酱拌软方便挤出成形。

罗勒草莓蛋糕卷

准备		
烤箱温度	上火200℃／下火150℃	
烘烤时间	约18分钟	
成品分量	约8人份（1盘）	
使用道具	烤盘（宽24厘米×长34厘米）	
	台式搅拌机	
	钢盆	
	橡胶刮刀	
	筛网	
	L形抹刀	
	打蛋器	
	手持式锅	

罗勒品种繁多，较常见的是甜罗勒。甜罗勒具有类似茴香的淡淡香气，气味清爽，将草莓的酸甜味衬托得更加清新，给再普通不过的蛋糕卷带入了一丝新意。

材料			
蛋糕体	罗勒草莓果酱	草莓奶油	意式蛋白霜
蛋黄60克	水5克	罗勒草莓果泥137.5克	水50克
全蛋140克	吉利丁粉1克	樱桃果泥12.5克	细砂糖150克
细砂糖130克	罗勒草莓果泥100克	水32.5克	蛋白75克
蛋白90克	覆盆子果粒33克	吉利丁粉6.5克	
细砂糖20克	细砂糖26克	意式蛋白霜50克	
低筋面粉30克	NH果胶粉2克	君度橙酒5克	
玉米淀粉30克		打发动物性鲜奶油150克	

做法

蛋糕体

1. 将面粉和玉米淀粉过筛备用。

2. 将蛋黄、全蛋、130克细砂糖放入搅拌缸内，用快速打发至有纹路后转为中速，打至浓稠状且用手捞起面糊过1~2秒才滴落的状态。

3. 将蛋白倒入搅拌机内打至发泡后，把20克细砂糖分三次加入，打至硬性发泡。

4. 将步骤3加入步骤2中，搅拌均匀。

5. 在步骤4中加入过筛的面粉和玉米淀粉搅拌均匀，倒入烤盘内抹平，约烤18分钟即可。

意式蛋白霜

1. 将水和细砂糖混合，并且煮至121℃。

2. 将蛋白放入搅拌缸中，将煮好的步骤1，冲入步骤2中打发。

草莓奶油

1. 将两种果泥混合并煮至温热。

2. 将泡过水的吉利丁加入步骤1中搅拌均匀并降温至30℃。

3. 将橙酒与意式蛋白霜混合，打发泡并分次加入步骤2中搅拌均匀。

罗勒草莓果酱

1. 如果没有罗勒草莓果泥，可以在一般市售草莓果泥里，加入适量新鲜罗勒略煮出香气。

2. 将配方中的水与吉利丁粉，混合静置成吉利丁块备用。

3. 将细砂糖与NH果胶粉混合均匀备用。

4. 将草莓果泥与冷冻覆盆子果粒煮至50℃后，将步骤3倒入搅拌均匀，再煮至沸腾，然后将泡好的吉力丁块加入煮至融化并搅拌均匀，放凉备用。

装饰及组合

1. 将蛋糕体放在烤盘纸上，抹上一层罗勒草莓果酱，用L形抹刀抹均匀。

2. 用擀面棍抵在烤盘纸上往前卷起蛋糕，卷起时不要有缝隙，卷完后可以使用擀面棍从上按压烤盘纸让卷完的地方贴得更密实，将卷完的终端朝下，放进冰箱冷藏约10分钟。

3. 切成约3厘米厚，将草莓奶油挤在上方，放上新鲜草莓装饰。

TIPS

1. NH果胶粉：属于植物性果胶，适合煮果酱、淋面果胶、水果软糖，抗酸性较强。吉利丁粉属于动物性果胶，由动物胶质制成，能产生水嫩的弹力感，适合制作慕斯、果冻。

2. 前一晚将草莓酱制好备用；操作草莓奶油时，若奶油流动性太好，可将钢盆底部放在冰水中使其稍为凝结，这样挤出时纹路会较为明显。

秘鲁金字塔蛋糕

准备

烤箱温度	上火210℃／下火150℃
烘烤时间	17分钟
成品分量	约18组
使用道具	大烤盘（宽38厘米×长58厘米）
	台式搅拌机
	钢盆
	橡胶刮刀
	筛网
	手持式锅
	打蛋器
	西点刀

此款蛋糕的灵感来自埃及金字塔的特殊造型，看似神秘却制作简单。具有紧实而不湿润的蛋糕体，很适合与热红茶一起食用。

材料

巧克力蛋糕体

材料A：

蛋黄300克	细砂糖100克
全蛋125克	高筋面粉80克
细砂糖75克	杏仁粉200克
转化糖25克	黄油200克
蛋白225克	黑巧克力250克

杏草巧克力甘纳许

材料A：

动物性鲜奶油94克

转化糖17克

香草荚0.5支

黑巧克力119克

黄油25克

巧克力杏仁淋酱

黑巧克力250克

色拉油25克

烤过的杏仁碎75克

做法

巧克力蛋糕体

1. 将材料A混合打发至面糊呈浓稠状。

2. 将蛋白打发泡，把细砂糖分三次加入，打至硬性发泡。

3. 将步骤1和2混合搅拌均匀后，再一边加入过筛后的面粉及杏仁粉，一边搅拌均匀。

4. 将融化好的黄油及黑巧克力慢慢加入已完成的步骤3中搅拌均匀，将面糊倒入铁盘中抹平，以上火210℃/下火150℃烘烤约17分钟。

香草巧克力甘纳许

将材料A煮沸腾后过筛，分次加入黑巧克力中，搅拌至有光泽感后降温至35~40℃，加入黄油并使用均质机搅拌均匀。

巧克力杏仁淋酱

1. 将黑巧克力隔水融化。

2. 加入色拉油及烤熟的杏仁碎即可。

组合

1. 将巧克力蛋糕体脱去烤纸，切成5片。

2. 将香草巧克力甘纳许涂抹薄薄一层在第一片蛋糕上，叠上一片蛋糕再抹一层薄薄的甘纳许，如此重复，将所有蛋糕片组合好。叠上最后一片蛋糕后，放上白纸，用铁盘轻压使其平整。

3. 将组合好的蛋糕切成7.5厘米宽，再斜对角切成两半，在两条蛋糕中间抹上薄薄的甘纳许，将蛋糕组合成金字塔三角形，并在表面抹上薄薄的甘纳许，冷冻至变硬。

4. 取出冻硬的蛋糕稍微回温后，淋上巧克力杏仁淋酱，切成厚度3厘米。

5. 在上方装饰金箔即可。

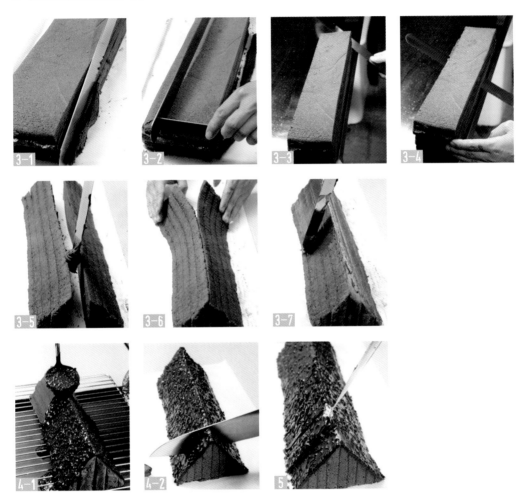

TIPS

1. 转化糖的作用在四大基础原料中介绍过，可保持产品湿润柔软。

2. 组合前修整蛋糕体表面，也可以不修。

3. 将烤好的蛋糕体用烤盘压平整，让蛋糕表面平整一致。

4. 将蛋糕体切成金字塔形。首先将蛋糕放在桌边齐平，刀呈45°贴着桌边，刀的前方对准蛋糕边角，由右上角切至左下角，得到两条三角塔形。在两条蛋糕体中间抹上香草巧克力甘纳许，组合成正三角塔形，表面再抹上香草巧克力甘纳许后放冰箱冷冻，较硬后较好切。

5. 组合蛋糕时要注意，切对角时下刀沿着对角线慢慢切，需切工整，若切不工整会影响金字塔外观。

CHAPTER

3

面糊类 /

全蛋不打发、面糊拌和

口感：紧实

鸡蛋的蛋白和蛋黄皆可分开利用，分别打发制作。如使用不打发的全蛋来制作鸡蛋糕，经烘烤后的成品在口感上类似重奶油蛋糕。此类蛋糕配方中的油含量高，做法上稍有不同，但基本上都是将材料依序加入搅拌均匀，再挤入模具或抹平于烤盘中，烘烤后的成品大多为可存放于室温的常温蛋糕。

知名的常温类蛋糕中，有法式经典的玛德琳、费南雪及美式的布朗尼。玛德琳为法国传统糕点，造型独特，形状似贝壳，口感与重奶油蛋糕相似。据说法国路易十五世的岳父曾经制作了贝壳形状的糕点，将其命名为玛德琳；而费南雪也是法国传统糕点之一，又称金融家金砖蛋糕，由于其造型细长，就像存放在银行保险箱中的金砖一样，因而得名；布朗尼是美国最受欢迎的甜点之一，因配方中加入大量巧克力，使布朗尼外表呈现咖啡色泽（brown）而得名。

蜂蜜肉桂玛德琳

烤箱温度	第一阶段
	上火180℃／下火230℃
	第二阶段
	上火180℃／下火180℃
烘烤时间	第一阶段12分钟
	第二阶段4分钟
成品分量	一口大小约24个
使用道具	56洞贝壳硅胶烤模（3.5厘米×5厘米）
	台式搅拌机
	钢盆
	橡胶刮刀
	筛网
	裱花袋
	平口裱花嘴（1厘米）

全蛋50克	泡打粉2克
红糖35克	肉桂粉1克
蜂蜜17.5克	盐0.5克
低筋面粉50克	黄油50克

玛德琳蛋糕是一种传统的贝壳形状的小蛋糕，来自法国东北部，是将蛋糕面糊放入贝壳形状的模子中烤制而成的，其味道较海绵蛋糕浓郁。传统上是加入磨细的坚果，通常是杏仁，或加入柠檬皮屑，使其具有柠檬味道。今天我们利用肉桂的辛甜味来赋予玛德琳蛋糕新生命。肉桂风味也很适合与咖啡搭配，能让你在午茶时刻享受特别的氛围。

TIPS

1. 建议将面糊静置冷藏一宿再使用，静置后的面糊质地会变得细腻，成品口感较佳。
2. 如需尽快使用面糊，至少冷藏2小时以后再使用。

做法

1. 将全蛋、红糖、蜂蜜放入搅拌盆中搅拌均匀。

2. 将面粉、泡打粉、肉桂粉、盐一同过筛后，加入步骤1中搅拌均匀。

3. 将黄油融化后备用。

4. 将微热的奶油倒入已混合完成的步骤2中搅拌均匀，冷藏静置2小时以上。

5. 将面糊挤入模具中，进炉烘烤，第一阶段上火180℃／下火230℃，烤约12分钟后，降温烘烤第二阶段上火180℃／下火180℃，烤约4分钟即可。

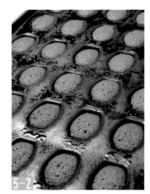

圭那亚巧克力玛德琳

玛德琳其实还有另一个有趣的故事，一位波兰国王在宴客前夕与甜点师傅闹翻，正烦恼没有甜点的时候，家里的女佣提供了妈妈用面粉、鸡蛋与糖烤成的家常点心，没想到大受宾客欢迎，公爵开心之余将它以少女的名字命名，它也从此成为宴客菜单里必备的一道点心。这款可爱的点心制作简单，使用美丽贝壳造型的模具，加上人见人爱的巧克力，也是适合下午茶的人气点心。

准备

烤箱温度	第一阶段
	上火180℃ / 下火230℃
	第二阶段
	上火180℃ / 下火180℃
烘烤时间	第一阶段12分钟
	第二阶段4分钟
成品分量	一口大小约24个
使用道具	56洞贝壳硅胶烤模（3.5厘米×5厘米）
	台式搅拌机
	钢盆
	橡胶刮刀
	筛网
	裱花袋
	平口裱花嘴（1厘米）

材料

全蛋15克	可可粉7.5克
蛋黄50克	泡打粉1克
细砂糖50克	黄油45克
低筋面粉45克	黑巧克力9克

TIPS

烘烤时如果过早从烤箱取出，内部面糊还未烤熟透，蛋糕表面会塌陷。另外模具内的面糊若装得太多，烘烤时会从模具中溢出，需特别注意。

做法

1. 将全蛋、蛋黄、细砂糖一同放入搅拌盆中，搅拌均匀。
2. 将面粉、可可粉、泡打粉混合过筛，加入步骤1中搅拌均匀。
3. 将黄油和黑巧克力加热融化后备用。
4. 将微温的黄油倒入已混合完成的步骤2中搅拌均匀。
5. 将已融化的黑巧克力，加入已混合黄油的步骤4中搅拌均匀，冷藏静置至少2小时。
6. 将面糊挤入模具中，进炉烘烤，第一阶段上火180℃／下火230℃约12分钟后，降温烘烤，第二阶段上火180℃／下火180℃约4分钟即可。

费南雪

准备		
烤箱温度	上火200℃／下火150℃
烘烤时间	约15分钟
成品分量	13个（一个约35克）
使用道具	费南雪铁模（4.5厘米×9厘米）
	台式搅拌机
	钢盆
	橡胶刮刀
	筛网
	裱花袋
	平口裱花嘴（1厘米）

费南雪（Financier）在法文是"金融家"的意思，这是在法国金融区的一位小糕点师傅为了附近的客人所发明的甜点。客人可以单手拿着"金融家"蛋糕边吃边看财报，而且不会掉蛋糕碎屑，方便又好吃，从此这配方传了下来，已逾百年之久，是经久不衰的知名点心。

材料

蛋白125克	杏仁粉50克
细砂糖125克	低筋面粉50克
蜂蜜25克	黄油125克

TIPS

1. 焦化黄油：是将黄油煮到褐变，锅底沉淀的状态。如果想要焦化黄油的香味更明显，颜色要煮深一些，可加热时间长一点。
2. 模具涂油：将模具内擦一层黄油放入冰箱冷冻，取出再擦一层，较不易粘黏。如果使用不粘模具，涂一层即可。
3. 因面糊质地较稀，若未事先将模具紧密地排列好就会滴出模具外，挤面糊的秘诀就是，当挤完一个模具后要立刻将裱花嘴朝上才不会滴落。

做法

1. 将蛋白、细砂糖、蜂蜜放入搅拌盆中搅拌均匀。

2. 把杏仁粉和低筋面粉全部过筛后，加入步骤1中搅拌均匀。

3. 将黄油加热成焦化黄油，降温至微热约36℃时，倒入步骤2中搅拌均匀。

4. 事先将模具涂满黄油，将面糊挤入模具中约八分满，进炉以200℃ /150℃烘烤约15分钟即可。

酥菠萝巧克力费南雪

高人气的巧克力与经典的费南雪组合在一起，也是一道受欢迎的甜点，为了食用时增添惊喜，特别撒上了酥菠萝，使其咬起来有特别的酥松感，尤其推荐您与三两个好友一起食用这特别的经典糕点。

准备

烤箱温度	上火200℃／下火150℃
烘烤时间	15分钟
成品分量	11个（一个约35克）
使用道具	费南雪铁模（4.5厘米×9厘米）
	台式搅拌机
	钢盆
	橡胶刮刀
	粗网筛
	裱花袋
	裱花嘴（1厘米）

材料

酥菠萝	巧克力费南雪
黄油50克	蛋白107克
糖粉50克	细砂糖35克
杏仁粉50克	蜂蜜21克
低筋面粉50克	杏仁粉47克
	低筋面粉35克
	糖粉47克
	泡打粉0.5克
	黄油107克
	黑巧克力28克

TIPS

用毛刷在模具内涂抹上黄油，放进冰箱约10分钟后取出再涂一次，可使蛋糕烘烤后不易粘黏于模具上。

做法

酥菠萝

1. 将黄油和糖粉混合过筛。

2. 将杏仁粉和低筋面粉混合过筛，完成后加入步骤1材料中搅拌均匀。

3. 把已混合的步骤2，用保鲜膜包覆压平整形，厚薄度需一致，放入冰箱冷藏静置，待稍硬后取出，用粗网筛揉搓过筛备用。

巧克力费南雪

1. 将蛋白、细砂糖、蜂蜜一同放入搅拌盆中搅拌均匀。

2. 将杏仁粉、低筋面粉、糖粉、泡打粉混合过筛，完成后加入步骤1中搅拌均匀。

3. 将黄油加热成焦化黄油，降温至微温约36℃后备用。

4. 黑巧克力融化后，连同已降温的焦化黄油一同倒入步骤2中搅拌均匀。

5. 事先将模具涂满黄油，将面糊挤入模具中约八分满，表面撒满酥菠萝，以上火200℃／下火150℃进炉烘烤，约15分钟即可。

热那亚蛋糕

 准备

烤箱温度	上火200℃ / 下火150℃
烘烤时间	第一阶段25分钟
	第二阶段25分钟
成品分量	约700克
使用道具	花形硅胶烤模（直径18厘米×高4厘米）
	台式搅拌机
	钢盆
	橡胶刮刀
	筛网
	毛刷

这是一款诉说着光荣历史的法国家庭糕点——热那亚杏仁蛋糕（Pain de Gênes），在法语中，是杏仁口味奶油蛋糕的意思。在拿破仑执政时代，战争形势严峻，法国死守热那亚超过3个月，最后终于胜利了，而这个糕点，据说是为了向英勇的将军致敬而制作的，从那个时代开始便流传下来这款让人感动的美味点心。

 材料

蛋糕体

全蛋230克

杏仁粉160克

糖粉150克

低筋面粉55克

玉米淀粉20克

泡打粉2克

黄油100克

香草酱2克

朗姆酒10克

杏桃果胶

杏桃果胶200克

百香果泥20克

杏仁片 适量

 TIPS

配方中的杏仁片用170℃的温度稍稍烘焙，使杏仁片的风味更加突出。

做法
——

1. 将杏仁粉和糖粉过筛放入钢盆中，分次加入全蛋搅拌均匀。

2. 使用电动打蛋机打发已搅拌均匀的步骤1。

3. 将过筛后的面粉、玉米淀粉、泡打粉，加入步骤2当中搅拌均匀。

4. 将黄油融化并保持在50~55℃，取一部分步骤3和黄油搅拌均匀，再将全部面糊加入搅拌均匀。

5. 加入香草酱和朗姆酒搅拌均匀。

6. 将模具内涂满黄油并撒上杏仁片，放入冰箱冷藏备用。

7. 将面糊挤入模具中，以上火200℃／下火150℃烘烤。

8. 将杏桃果胶和百香果泥混合均匀并煮沸后备用，蛋糕出炉冷却后，表面涂抹上混合的杏桃果胶即可。

怀旧黑糖糕

传闻黑糖糕是由日本冲绳传播至我国台湾澎湖的。早期有不少的冲绳人移民到澎湖定居做生意，其中也不乏糕饼店，而现今的黑糖糕就是由当时的琉球糕饼师父推出的新口味。经过数十载后，黑糖糕流传到了各地。今天不用到澎湖，也可以自己动手轻易做出怀旧的黑糖糕滋味。

准备

烤箱温度	上火200℃／下火150℃
烘烤时间	约25分钟
成品分量	约8人份（1盘）
使用道具	烤盘（宽24厘米×长34厘米） 台式搅拌机 钢盆 橡胶刮刀 筛网 L形抹刀

材料

材料A：

牛奶320克	中筋面粉390克
朗姆酒80克	泡打粉4.8克
葡萄干135克	小苏打粉6克
核桃60克	色拉油223克
盐10克	全蛋200克
红糖254克	白芝麻 少许

TIPS
烘烤后趁热在黑糖蛋糕表面刷上奶油，增加光亮色泽及香气。

做法

1. 将面粉、泡打粉、小苏打粉一起过筛后备用。

2. 将所有的材料A一起煮沸放凉后，倒入搅拌机中，并将面粉、泡打粉、苏打粉慢慢加入搅拌均匀，然后快速打发约5分钟，加入全蛋搅拌均匀。

3. 将色拉油慢慢加入步骤2搅拌均匀。

4. 将面糊倒入烤盘内，用L形抹刀抹平后，撒上些许白芝麻，用上火200℃／下火150℃烤约25分钟即可。

乌干达布朗尼

准备

烤箱温度	上火200℃ / 下火150℃
烘烤时间	约30分钟
成品分量	约700克
使用道具	8寸蛋糕模具
	台式搅拌机
	钢盆
	橡胶刮刀
	筛网

材料

全蛋70克	低筋面粉42克
细砂糖60克	泡打粉1.5克
乌干达巧克力100克	盐1克
黄油100克	切丁杏桃干 适量

布朗尼的发明就像很多的美食一样可能只是一个意外的结果，也许是制作巧克力蛋糕时太过粗心，它就像塌掉的巧克力蛋糕。布朗尼制作方法很简单，对于初学者来说是一个很好的选择。一般是在蛋糕体中混入核桃类的干果或碎片巧克力，而本食谱中加入饱满橙色的天然杏桃干，给人热情又充满活力的夏日印象，将布朗尼带出了新的夏日风味。

TIPS

黄油和巧克力融化后要持续保温在40~50℃，若温度太低，和蛋液混合时，会导致流动性不佳而不易操作。

做法

1. 将巧克力及黄油隔水融化并保持温热。

2. 把面粉、泡打粉、盐过筛备用。

3. 将全蛋和细砂糖搅拌均匀后，加入步骤1搅拌均匀，之后再将步骤2也加入搅拌均匀。

4. 将面糊倒入模具内用塑胶刮板抹平，上面撒上切丁杏桃干，进烤箱以上火200℃／下火150℃，烘烤约24分钟即可。

香蕉蛋糕

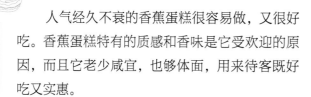

　　人气经久不衰的香蕉蛋糕很容易做，又很好吃。香蕉蛋糕特有的质感和香味是它受欢迎的原因，而且它老少咸宜，也够体面，用来待客既好吃又实惠。

烤箱温度	上火200℃／下火150℃
烘烤时间	20分钟
成品分量	24条
使用道具	硅胶烤模烤盘（宽2.5厘米×长11厘米） 台式搅拌机 钢盆 橡胶刮刀 筛网

杏仁膏65克	全蛋60克
动物性鲜奶油25克	细砂糖60克
香蕉45克	低筋面粉72克
黄油65克	泡打粉3克
蛋黄65克	

做法

1. 将杏仁膏用桨状搅拌器打软，分次将鲜奶油、细砂糖加入并搅拌均匀至无颗粒。

2. 分别将香蕉和黄油加入步骤1中搅拌均匀。

3. 将混合好的蛋黄和全蛋，分次一点一点加入步骤2中搅拌均匀。

4. 加入混合过筛后的低筋面粉和泡打粉，用橡皮刮刀一边加一边搅拌均匀。

5. 将步骤4的面糊挤入涂过油的模具中约八分满，以上火200℃／下火150℃烘烤约20分钟即可。

 TIPS

1. 请使用外观有斑点的熟香蕉，香蕉风味较为浓郁。

2. 黄油需在室温软化后再操作。

CHAPTER

4

蛋白类 / 蛋白打发

口感：松软绵密

蛋白中有90％是水，其余则为蛋白质，当蛋白质被搅打时会拌入大量空气，而蛋白可留住和包覆这些气泡。蛋白霜除了可用于蛋糕体，还可用于各式慕斯中，使其充满空气感，更加轻盈，化口性更佳，还能当作舒芙里的膨松剂，使舒芙里能够轻易膨起。蛋白霜经烘烤后变成酥脆的蛋白糖，蛋白与糖结合也可做成马卡龙或蛋白饼，加入面粉烘烤即可变成天使蛋糕。

戚风蛋糕因组织特别柔软绵密，而有chiffon（类似丝绸的布料）这个称号，此种蛋糕是由综合面糊类和乳沫类制作而成的，其膨大作用来自面糊中的发粉和打发泡的乳沫蛋白，也就是"蛋白打发"。蛋白中含丰富的蛋白质，借由搅拌机将空气搅打入蛋白，产生泡沫进而增加表面积，并使泡沫的表面变性，蛋白变性后泡沫会形成稳定的气孔结构，可以承受其他材料，也有稳定作用，因此面糊进入烤箱受热后，蛋白里的空气就会因受热而产生膨大作用增加蛋糕的体积。另外，蛋白若只加入微量砂糖或完全不加入砂糖一样能打发，只是打出来的蛋白霜气泡粗大，且很容易在与面糊的搅拌过程中消泡，这时砂糖所扮演的角色就是使蛋白霜表面张力变大，打出来的气泡更细致、更稳定。

乳化的原理：蛋黄中含有卵磷脂，是天然的乳化剂，能结合水分和油脂两种不同性质的物质，使油水融合达到乳化作用。搅拌速度的快慢也会影响乳化的效果，搅拌过慢或搅拌不均，会造成面粉结块而无法充分混合，产生乳化不均的现象；搅拌快则带入太多空气，会影响乳化的稳定度。乳化良好的面糊呈润滑并带有点黏稠度的状态，乳化作用会减少油水的分离，增强起泡性，在烘烤过程中可以避免流失过多水分，有保湿的作用。

出炉后的动作：烘焙后从烤炉中取出成品置于室温下，经常因为温度的落差太大而产生热胀冷缩的效应。因为成品内部气泡中含有高温气体，外在的低温空气进入蛋糕组织内部，导致整体气泡及组织立即萎缩塌陷，所以在成品出炉后轻敲一下，将原本留在蛋糕体内的高温气体散出，加速低温空气进入蛋糕体内部，即可避免萎缩塌陷的问题。

日式红茶戚风蛋糕

 准备

烤箱温度	上火200℃ / 下火150℃
烘烤时间	约25分钟
成品分量	3个
使用道具	6英寸（1英寸=2.54厘米）中空戚风模具3个 台式搅拌机 钢盆 橡胶刮刀 筛网 手持式锅 裱花袋及裱花嘴

日式红茶戚风蛋糕使用的是伯爵红茶，其茶香浓郁又带着佛手柑的香气，烘烤出来后空气中都弥漫着甜甜的蛋糕香及红茶香。因为有佛手柑的香，所以让红茶戚风多了一种更深层的风味，吃起来让人齿颊留香。

 材料

蛋糕体	红茶液
蛋白120克	水100克
细砂糖60克	红茶叶3克
红茶液60克	
低筋面粉77克	咖啡香堤
泡打粉4克	动物性鲜奶油150克
盐1.5克	植物性鲜奶油100克
红茶粉2.5克	细砂糖15克
蛋黄52克	白兰地2.5克
白兰地8.5克	浓缩咖啡酱10克
色拉油34克	

TIPS

1. 将裱花袋中的面糊快速挤入模具中，防止消泡影响成品口感。
2. 面糊倒入戚风模具后，在桌上垫着垫布敲戚风模具3~4次让空气跑出来，这样烤后的蛋糕不易出现大缝隙。

将水煮沸后，加入红茶叶焖2~4分钟即可。

蛋糕体

1. 将红茶液煮好放凉备用。

2. 将面粉、泡打粉、盐、红茶粉混合过筛备用。

3. 将红茶液、白兰地、蛋黄与色拉油一起搅拌均匀。

4. 将步骤2和步骤3混合后搅拌均匀备用。

5. 将蛋白用中速打至起泡后，将细砂糖分三次加入，打至硬性发泡。

6. 将已打发的蛋白与步骤4混合搅拌均匀，挤入模具内，约八分满，轻敲桌面使面糊平整。用上火200℃／下火150℃烘烤约25分钟。

咖啡香缇

将所有材料混合打发即可。

组合及装饰

将蛋糕脱模，咖啡香缇装入裱花袋。在蛋糕体表面沿着环形挤上一圈咖啡香缇并放上巧克力装饰。

戚风蛋糕是1927年由美国加利福尼亚州的一位名叫哈里贝克的保险经纪人所发明。直到1948年，贝克把蛋糕店卖了，配方才公诸于世。戚风蛋糕组织膨松，水分含量高，味道清淡不腻，口感松软绵密，是目前最受欢迎的蛋糕之一。有时候外出旅行时，我也会提早准备好一个戚风蛋糕给孩子们在路上吃，简单也很方便。

准备	
烤箱温度	上火200℃／下火150℃
烘烤时间	30~35分钟
成品分量	2个
使用道具	8英寸蛋糕模具2个
	台式搅拌机
	钢盆
	橡胶刮刀
	筛网

材料

蛋白290克	色拉油40克
细砂糖135克	牛奶40克
盐2克	低筋面粉105克
泡打粉4克	蛋黄132克
塔塔粉4克	樱桃、蓝莓、草莓等时令水果 适量

TIPS

1. 将1/3蛋白霜拌入面糊中搅拌，使蛋白霜与面糊所占比重相同才不容易因搅拌过度而消泡，再将剩余蛋白霜拌入，轻轻搅拌均匀。
2. 将面糊倒入模具中时，使用塑胶刮板从四周往中间抹高，这样成品造型较好看。
3. 操作前所使用的器具，要小心避免沾到油脂，油脂会使蛋白不易打发。

1. 将面粉、泡打粉和盐混合过筛备用。

2. 把色拉油和牛奶搅拌均匀后，加入步骤1搅拌均匀。

3. 将蛋黄倒入步骤2中，搅拌均匀备用。

4. 将塔塔粉加入蛋白中，用中速打至起泡后，将砂糖分三次加入后打至硬性发泡。

5. 将硬性发泡的蛋白分次拌入步骤3的面糊中，搅拌均匀即可倒入模具抹平，约八分满，用上火200℃／下火150℃烘烤30~35分钟。

6. 将蛋糕脱模，上面摆上各种水果装饰即可。

马达加斯加奶油蛋糕

准备

烤箱温度	上火200℃ / 下火150℃
烘烤时间	25分钟
成品分量	约25杯
使用道具	烘烤纸杯（4.5厘米×4.5厘米）
	台式搅拌机
	钢盆
	橡胶刮刀
	筛网
	打蛋器
	手持式锅
	裱花袋
	平口裱花嘴（2厘米）

戚风蛋糕的绵软口感，搭配来自马达加斯加的香草籽制作的香缇鲜奶油，单纯的鲜奶油香气，会让鲜奶油的爱好者欲罢不能。

材料

蛋糕体

蛋白210克

细砂糖108克

动物性鲜奶油54克

黄油24克

低筋面粉62克

蛋黄104克

香草荚0.5支

香草香缇

香草荚0.5支

动物性鲜奶油300克

细砂糖30克

TIPS

1. 将香草荚泡入鲜奶油中冷藏一宿更入味。
2. 制作蛋白霜时需打到硬性发泡，才能支撑整个蛋糕体不凹陷。

做法

蛋糕体

1. 将面粉过筛备用。

2. 将鲜奶油和香草荚煮热后加入黄油，再加入过筛好的面粉并搅拌均匀。

3. 将蛋黄部分加入步骤2的面糊中。

4. 将蛋白和细砂糖打发至硬性发泡，并和步骤3搅拌均匀。

5. 将步骤4挤入烘烤纸杯中，以上火200℃／下火150℃烘烤约25分钟。

香草香缇

把香草荚对切后刮出香草籽，再将细砂糖和鲜奶油全部混合打发，加入香草籽。

组合及装饰

1. 将蛋糕中间切出圆形孔洞。

2. 将打发好的香草奶油挤入戚风蛋糕体内，在上方撒上防潮糖粉即可。

天使蛋糕

天使蛋糕为一款美国常见的蛋糕，只用蛋白，几乎不含胆固醇，脂肪含量也较低，是适合怕胖及注重健康人士的一道甜点，因制作时舍去了蛋黄，所以色泽呈现蛋糕少有的纯白，如同天使般纯洁，故称为天使蛋糕。

准备	
烤箱温度	上火200℃ / 下火150℃
烘烤时间	约25分钟
成品分量	3模
使用道具	6英寸中空模3个
	台式搅拌机
	钢盆
	橡胶刮刀
	筛网

材料	
蛋白300克	柠檬汁6克
细砂糖110克	玉米淀粉10克
色拉油70克	低筋面粉120克
橘子汁70克	塔塔粉4克

TIPS

在混合搅拌蛋白霜与面糊时，需先加入少量蛋白霜，混合均匀后再换成橡胶刮刀加入全部蛋白霜混合均匀。

做法

1. 将面粉和玉米淀粉混合过筛备用。
2. 将色拉油、橘子汁、柠檬汁搅拌均匀后，将步骤1加入搅拌均匀。
3. 将塔塔粉加入蛋白中，用中速打至起泡后，将细砂糖分三次加入，打至硬性发泡。
4. 将硬性发泡的蛋白分次拌入步骤2的面糊中，搅拌均匀即可挤入模具，约八分满，用上火200℃ / 下火150℃，烘烤30~35分钟即可。

蜗牛蛋白饼

准备

烤箱温度	140℃
烘烤时间	20分钟
成品分量	约20组
使用道具	烤盘（60厘米×40厘米）
	台式搅拌机
	钢盆
	橡胶刮刀
	筛网
	打蛋器
	裱花袋
	平口裱花嘴（1厘米）

蛋白饼在澳大利亚和新西兰都十分流行，两地的人都声称自己是这款甜点的发明者。蛋白饼由蛋白加糖烘烤而成，外观柔白，脆中带滑，入口即化，感觉就像舞步轻盈的芭蕾舞者般。本款使用伯爵茶奶油酱与巧克力海绵蛋糕，搭配蛋白饼组合而成，增加了口感层次，且食用后嘴里散发淡淡茶香让人难以忘怀。

材料

巧克力蛋白饼	伯爵茶奶油酱	巧克力海绵蛋糕	焦糖榛子粒
可可粉20克	动物性鲜奶油92克	适量	细砂糖42克
糖粉80克	伯爵茶叶4克	(做法请参考p59巧克力海绵蛋糕)	水14克
蛋白100克	麦芽糖15克		榛子粒125克
细砂糖100克	黑巧克力83克		黄油5克
	黄油17克		
	君度橙酒1.5克		

做法

巧克力蛋白饼

1. 将可可粉和糖粉混合过筛。

2. 将蛋白和细砂糖一起打发至硬性发泡。

3. 将步骤1和步骤2混合均匀。

4. 将步骤3用裱花袋在烤盘上螺旋挤出圆形。

5. 以140℃烤20分钟 ，再以90℃烘烤1.5小时至干燥。

伯爵茶奶油酱

1. 将动物性鲜奶油与茶叶混合浸泡一宿，隔天加热至50℃，然后将茶叶滤掉，使用动物性鲜奶油补足溶液分量至275克。

2. 将麦芽糖加入步骤1中煮沸，再分次冲入黑巧克力中搅拌均匀。

3. 将步骤2降温至36℃左右，加入黄油和君度橙酒搅拌均匀即可。

焦糖榛子粒

1. 事先将榛子粒烤至半熟。

2. 将细砂糖和水煮至112℃，倒入榛子粒拌炒至焦化后熄火。

3. 加入黄油后搅拌均匀，倒在铁盘上铺平冷却，冷却后取一半压碎备用。

组合

将一片巧克力蛋白饼中间挤上伯爵茶奶油酱，
周围撒上焦糖榛子碎粒，再放上一片压成圆
形的巧克力海绵后，挤上伯爵茶奶油酱，把
另一片巧克力蛋白饼盖上。在巧克力装饰上
挤上伯爵茶奶油酱，将组合好的蛋白饼放上
即可。

TIPS

1. 在伯爵茶奶油酱中，需补足275克动物性鲜奶油，是因为加茶叶烹煮的过程中
多少会吸收鲜奶油，所以要用鲜奶油再次补足缺少的部分。

2. 蛋白霜在加入粉类材料时勿搅拌过度，以免造成面糊太稀不易挤成形。

厄瓜多尔巧克力冰棒蛋糕

准备

烤箱温度	上火210℃／下火150℃
烘烤时间	18分钟
成品分量	约22组
使用道具	硅胶烤模（11厘米×2.5厘米）
	台式搅拌机
	钢盆
	橡胶刮刀
	筛网
	手持式锅
	打蛋器
	裱花袋
	平口裱花嘴（1厘米）
	冰棒棍

炎炎夏日总是想要来点清凉感，介绍给大家一款做法特别的蛋糕，它非常适合在冷藏或冷冻后食用，让我们在盛夏时分把蛋糕变成冰淇淋来吃吧！

 材料

蛋糕体

杏仁膏120克	低筋面粉36克
蛋黄76克	黄油36克
全蛋40克	黑巧克力60克
蛋白112克	柳橙屑1克
细砂糖44克	

淋酱

牛奶巧克力250克

色拉油25克

烤熟杏仁碎75克

装饰

巧克力蛋白饼约22个

（材料请参考p143蜗牛蛋白饼）

柳橙屑 适量

香草巧克力甘纳许内馅

材料A：

动物性鲜奶油32克

转化糖8克

香草荚1/4支

56％黑巧克力59克

黄油21克

（做法请参考p100秘鲁金字塔蛋糕）

做法

蛋糕体

1. 将杏仁膏打软，分次加入蛋黄和全蛋，搅拌均匀。

2. 将蛋白和细砂糖打发至湿性发泡，拌入步骤1中搅拌均匀。

3. 将过筛的面粉一点一点地加入步骤2中搅拌均匀，再加入黄油和黑巧克力搅拌均匀，最后加入柳橙屑搅拌均匀，将面糊挤在硅胶模具中，使用上火210℃／下火150℃烘烤约12分钟。

巧克力蛋白饼

1. 将可可粉和糖粉混合过筛。

2. 将蛋白和细砂糖一起打发至硬性发泡。

3. 将步骤1和步骤2混合均匀。

4. 用挤花袋在烤盘上挤出洋葱形蛋白霜。

5. 以140℃烤20分钟，再以90℃烘烤1.5小时至干燥。

淋酱

将巧克力和色拉油一同融化后，加入杏仁碎备用。

组合

1. 从模具取出已烤好的巧克力蛋糕一片，在上面挤上香草巧克力甘纳许内馅后，在中间放上冰棒棍，在棍子上挤上一些甘纳许内馅后，覆盖上另一片蛋糕，轻压平整。

2. 将刚刚完成的夹心蛋糕放入冰箱冷冻冻硬。

3. 将步骤2取出，稍微回温后，淋上巧克力淋酱后，表面撒上柳橙屑，顶端放上巧克力薄片，取一颗蛋白饼底部挤些许甘纳许，固定在巧克力薄片上即可。

TIPS 淋巧克力淋酱时，务必先将冷冻取出的冰棒蛋糕稍微回温，再淋上巧克力酱，若蛋糕太冰时淋上巧克力后会快速凝结，导致外观龟裂较不美观。

黑樱桃巧克力蛋糕

经典的黑樱桃巧克力蛋糕，没有添加市售的鲜奶油，留下的是自制的迷人樱桃果酱香味与巧克力的浓醇味，带给人没有负担的味蕾享受，小巧的外形也很适合聚会或野餐时跟大家一起分享。

准备

烤箱温度	上火210℃ / 下火150℃
烘烤时间	18分钟
成品分量	一口大小27颗
使用道具	54洞硅胶烤模（直径4厘米）
	烤盘
	台式搅拌机
	钢盆
	橡胶刮刀
	筛网
	裱花袋
	平口裱花嘴（1厘米）

材料

蛋糕体	黑樱桃果酱
黑巧克力72.5克	黑樱桃果泥58克
黄油72.5克	细砂糖17克
蛋黄44克	NH果胶粉1.5克
糖粉72.5克	
低筋面粉36克	
杏仁粉29克	
蛋白65克	
细砂糖3.5克	
香草精1克	

TIPS

配方中所打发的蛋白霜，所需的砂糖量很少，不用分次加入，可一次性将砂糖加入蛋白中一起打发，所以蛋白霜看起来表面不平滑是正常的。

做法

蛋糕体

1. 将黑巧克力和黄油隔水融化后混合均匀。

2. 将蛋黄加入步骤1中搅拌均匀。

3. 将混合过筛的糖粉、面粉、杏仁粉与香草精一同加入步骤2中搅拌均匀。

4. 将蛋白和细砂糖打发成蓬松状的蛋白霜。

5. 将蛋白霜和步骤3一同搅拌均匀。

6. 将搅拌好的面糊挤入烘烤模具内约八分满，用上火210℃／下火150℃烘烤18分钟。

黑樱桃果酱

1. 将细砂糖和NH果胶粉一起混合备用。

2. 将果泥煮至50℃后，加入细砂糖与果胶粉搅拌均匀，煮至沸腾，放凉后盖上保鲜膜放入冰箱冷藏。

组合

将冷却后的巧克力蛋糕体底部的中空部分挤上黑樱桃果酱即可。

咕咕霍夫

准备	烤箱温度	上火210℃／下火155℃
	烘烤时间	约35分钟
	成品分量	约300克
	使用道具	咕咕霍夫模具（直径16厘米×高8.5厘米）
		台式搅拌机
		钢盆
		橡胶刮刀
		筛网
		打蛋器
		裱花袋
		平口裱花嘴（2厘米）

咕咕霍夫蛋糕是用一种中空螺旋纹形模具做成的皇冠蛋糕，源自中欧的德国南部、奥地利及瑞士，人们过圣诞节时会制作一种Gugelhupf（咕咕霍夫），内含多种蜜饯，味道香醇，为当地颇受欢迎的节庆食品。本款使用巧克力制作咕咕霍夫，也可添加自己喜爱的水果与鲜奶油来装饰成一道派对点心。

材料

蛋糕体	
杏仁膏15克	细砂糖22克
细砂糖15克	杏仁粉47克
黄油54克	低筋面粉20克
蛋黄54克	牛奶11克
黑巧克力54克	
蛋白54克	**装饰**
	黑巧克力20克
	可可碎豆10克

TIPS

黑巧克力一定要完全融化后才可使用，若未完全融化就用于制作会因为残留巧克力块而造成蛋糕体出现孔洞。

做法

蛋糕体

1. 将杏仁膏和细砂糖放入搅拌缸中搅拌均匀后，再分次加入黄油搅拌均匀。

2. 将蛋黄一点一点地加入步骤1中搅拌均匀。

3. 事先将黑巧克力融化，一点一点地加入步骤2中搅拌均匀。

4. 将蛋白先打发泡，将糖分三次倒入打至硬性发泡，再分次加入步骤3中搅拌均匀。

5. 将已过筛的杏仁粉和低筋面粉，一点一点地分次加入步骤4中，使用橡胶刮刀轻轻搅拌均匀。

6. 将牛奶煮温热后，慢慢加入步骤5中搅拌均匀。

7. 将已完成的面糊挤入模具中约八分满，把模具放在桌上轻敲使面糊平整，进炉烘烤，上火210℃/下火155℃，约35分钟即可。

组合

将黑巧克力融化后，把咕咕霍夫蛋糕顶端蘸上黑巧克力，并撒上可可碎豆做装饰即可。

黑醋栗舒芙里

舒芙里是源自法国的甜点，经烘焙后质轻而蓬松，与其他的法式糕点不同，舒芙里是属于餐桌上的甜点，外表朴实，需在刚出炉时立即食用，也有人形容她是"稍纵即逝的美味"，真的是再贴切不过。

 准备

烤箱温度	上火200℃／下火200℃
烘烤时间	15~20分钟
成品分量	约11杯
使用道具	陶瓷杯（直径6厘米×高3.5厘米）
	台式搅拌机
	钢盆
	橡胶刮刀
	筛网
	打蛋器
	手持式锅
	裱花袋
	平口裱花嘴（2厘米）

TIPS

此产品出炉后，可在表面撒上防潮糖粉并趁热享用。

 材料

黑醋栗果泥100克	牛奶75克
蛋黄30克	动物性鲜奶油22.5克
细砂糖20克	蛋白100克
低筋面粉7.5克	细砂糖40克
玉米淀粉7.5克	

做法

1. 将舒芙里杯内侧涂抹黄油并撒上细砂糖冷藏备用。

2. 将黑醋栗果泥加热至沸腾。

3. 将蛋黄和20克细砂糖放入钢盆中，搅拌均匀后，加入已过筛的面粉和玉米淀粉搅拌均匀。

4. 将牛奶和鲜奶油混合后与步骤3的面糊混合搅拌均匀。

5. 将果泥与混合好的面糊一起搅拌均匀回煮至黏稠状。

6. 将蛋白和40克细砂糖一起打至硬性发泡，再分次加入步骤5的面糊中搅拌均匀。

7. 将面糊挤入事先准备好的舒芙里杯中，将挤满的面糊抹平，用上火200℃／下火200℃烘烤15~20分钟即可。

CHAPTER

5

重奶油类 /

全蛋不打发、糖油拌和

口感：紧实绵密

磅蛋糕起源于英国，是由鸡蛋1磅（1磅约为454克）、黄油1磅、面粉1磅、砂糖1磅所制成，这为重奶油蛋糕最基础的比例。磅蛋糕也被称为重奶油蛋糕，因其使用黄油的比例较一般蛋糕多。磅蛋糕的基本定义是以等量的黄油、鸡蛋、砂糖、面粉与糖渍水果或坚果所制成的蛋糕。其代表性的甜点有传统水果蛋糕、玛芬蛋糕、屋比派及杯子蛋糕等。

在重奶油的四大基础原料中，黄油品质的好坏与面糊的搅拌方式是否正确，都是直接影响重奶油蛋糕品质优劣的关键因素。

磅蛋糕的制作方式主要是"糖油拌和法"，在制作时，黄油最大的功能就是和糖在搅拌过程中拌入大量的空气，帮助蛋糕在烘烤时膨胀及产生特殊奶油风味；而鸡蛋主要是提供水分及溶解糖类材料；砂糖让本来容易与全蛋分离的油脂变得更易乳化，烘烤后也可增添香气。重奶油蛋糕里的面粉因含有筋性，可使面糊产生韧性并具有保湿作用，使烘烤后的蛋糕体带有弹性。

本章节里所介绍的蛋糕中，在配方比例及做法上略有不同。基本注意事项如下：

1. 材料温度的调整：黄油要先在室温软化才有利于打发，使其饱含空气；夏天鸡蛋的温度保持在10~15℃之间，冬天气温较低，可先将鸡蛋放入温水中加温，因为鸡蛋过冰拌入会使奶油硬化，也不利于乳化，容易油水分离，造成蛋糕体口感不佳。

2. 乳化原理：磅蛋糕是利用乳化原理使面糊饱含空气与水汽，在烘烤中气体受热膨胀使蛋糕体得到适当的松软组织。没有乳化好的面糊烘烤后口感容易过于硬实。

3. 烘烤温度：烘烤温度过高容易使面糊加热太快而过度膨胀，导致蛋糕体组织较干，温度过低也可能会造成膨胀不足，且蛋糕体会过于紧实不易有漂亮的裂痕。

野生蓝莓玛芬杯

准备

烤箱温度	上火200℃／下火150℃
烘烤时间	约28分钟
成品分量	约15杯
使用道具	烘烤玛芬杯（直径6厘米×高3.5厘米）
	烤盘
	台式搅拌机
	钢盆
	橡胶刮刀
	筛网
	裱花袋

玛芬又称英式小松糕，大约出现在11世纪时的英国，而moufflet在旧式法语中用来形容面包的"柔软"感觉。在现代的制作手法中，烘烤的时候总会在"糕顶"放些东西，比如切碎的蓝莓、酥菠萝或巧克力来增添其风味。

材料

蛋糕体	酥菠萝
发酵黄油200克	黄油50克
细砂糖200克	糖粉50克
盐5克	杏仁粉50克
蜂蜜 80克	低筋面粉50克
全蛋200克	
低筋面粉400克	
泡打粉15克	
牛奶200克	
野生蓝莓粒100克	

TIPS

在面糊中加入全蛋时，要慢慢一点一点地加入，搅拌均匀后才可再加，以避免黄油产生分离状态，影响成品口感。

做法

蛋糕体

1. 将面粉和泡打粉过筛后备用。

2. 将黄油和细砂糖打至泛白后，加入蜂蜜和盐搅拌均匀。

3. 将全蛋慢慢加入步骤2中。

4. 搅拌均匀后先加入一半的面粉及泡打粉，倒入一半牛奶搅拌，再重复刚刚的操作，将材料依序倒入搅拌完毕，最后加入蓝莓粒搅拌均匀。

5. 将面糊倒入玛芬杯中，表面撒上酥菠萝后，用上火200℃／下火150℃，烘烤约28分钟即可。

酥菠萝
做法请参照p115酥菠萝巧克力费南雪。

柠檬雪霜

在法国，这是进行一日旅游时最适合携带的甜点，也有许多人会在周末回家乡时携带这种甜点当礼物，所以它还有"周末派"的称呼。其湿润松脆的口感含有丰富的滋味，和红茶来搭配也很合适。

准备

烤箱温度	上火200℃／下火160℃
烘烤时间	30分钟
成品分量	约2条（1条350克）
使用道具	长条烤模（27厘米×5厘米）
	台式搅拌机
	橡胶刮刀
	筛网
	打蛋器
	手持式锅

材料

蛋糕体	糖液
黄油168克	水48克
细砂糖168克	细砂糖24克
全蛋189克	君度橙酒30克
低筋面粉168克	
橙酒5克	糖霜装饰
柠檬酱3.5克	糖粉96克
柠檬汁3.5克	君度橙酒4克
	矿泉水22克
	柠檬皮丝少许

TIPS

1. 在面糊中加入全蛋时需慢慢少量分次加入，防止产生分离现象。
2. 将出炉的蛋糕冷却后，趁还微热时刷上加了橙酒的糖液，可防止蛋糕边缘过于干燥，也多了酒香增添风味。
3. 将黄油温度控制在22~26℃来操作，此温度为黄油最佳的乳化温度。

做法
——

1. 将黄油和细砂糖放入搅拌缸中搅拌均匀。

2. 将全蛋一点一点慢慢地加入。

3. 将面粉过筛后，加入步骤2中轻轻搅拌均匀，最后将橙酒、柠檬酱、柠檬汁全部加入搅拌均匀。

4. 将步骤3的面糊挤入模具约八分满，用上火210℃／下火160℃烘烤约40分钟，为使蛋糕体均匀受热，也可于表面着色时轻划一刀再进炉烘烤。

5. 出炉后将蛋糕脱模，趁还温热时刷上糖液，冷却。

6. 将冷却后的蛋糕抹上糖霜，以上火200℃／下火160℃烘烤2分钟，至糖霜干燥，装饰糖粉及柠檬皮丝即可。

糖液
将水和细砂糖煮沸后加入橙酒搅拌均匀，冷却备用。

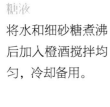

糖霜
将糖粉过筛后，加入橙酒及矿泉水混合备用。

西西里开心果蛋糕

位于西西里岛埃特纳火山旁的城市Bronte，是意大利开心果最重要的产地，此款甜点融合了西西里生产的开心果与黑樱桃果酱，能让人感受到地中海的浪漫风情。

 准备

烤箱温度	上火200℃／下火150℃
烘烤时间	约35分钟
成品分量	约3条（1条约300克）
使用道具	长条模具（27厘米×5厘米）
	台式搅拌机
	钢盆
	橡胶刮刀
	筛网
	裱花袋

 材料

蛋糕体	樱桃酱
黄油150克	黑樱桃果泥116克
开心果果酱25克	细砂糖34克
全蛋125克	NH果胶粉3.6克
蛋黄100克	

材料A：	开心果淋酱
糖粉28克	非调温白巧克力100克
杏仁粉75克	色拉油10克
开心果粉75克	开心果果酱1.5克
低筋面粉50克	开心果碎30克
高筋面粉100克	
泡打粉4克	

TIPS

为使蛋糕体均匀受热且较美观，传统做法是在焙烤蛋糕时，会于表面着色时轻划一刀再进炉烘烤；也可进炉烘烤前在面糊中间挤上一条室温软化后的无盐黄油，来代替传统做法。

做法

蛋糕体

1. 将材料A一起过筛后备用。

2. 将黄油和开心果果酱打软搅拌均匀，并分次加入全蛋和蛋黄搅拌。

3. 将过筛的材料A加入步骤2中搅拌均匀。

4. 将面糊填入准备好的模具中约八分满，用上火200℃／下火150℃烘烤约35分钟即可。

樱桃酱

1. 将黑樱桃果泥放入钢盆内，将NH果胶粉与细砂糖一起混合均匀。

2. 将果泥煮至温热后，加入NH果胶粉与细砂糖慢慢搅拌均匀并煮至沸腾即可。

3. 樱桃酱冷却备用。

开心果淋酱

将白巧克力隔水融化后，加入色拉油与开心果果酱搅拌均匀后，再加入开心果碎即可。

组合及装饰

1. 把蛋糕横切成3片，在蛋糕中间抹上樱桃酱后，叠成原来的蛋糕体。
2. 将蛋糕体淋上事先煮好的开心果淋酱，待其冷却凝结即可。

香辛料咸味奶油蛋糕

 准备

烤箱温度	上火200℃／下火150℃
烘烤时间	35分钟
成品分量	4条（1条约350克）
使用道具	长条模具（27厘米×5厘米）
	台式搅拌机
	钢盆
	橡胶刮刀
	筛网
	裱花袋
	食物调理机

在国内少见的咸口味蛋糕在国外是非常普遍的，大部分是将西式的食材或香辛料融入奶油蛋糕中，食用起来甜中带咸。咸蛋糕的做法其实不复杂，只要掌握好步骤，就可以随性自由地变化各种馅料，创作出属于自己的风味。

 材料

蛋糕体

黄油216克

杏仁粉221克

糖粉221克

全蛋46克

蛋黄78克

番茄干74克

黑橄榄55克

绿橄榄55克

低筋面粉74克

高筋面粉74克

香辛料1克

蛋白138克

细砂糖50克

乳酪丁115克

香辛料

豆蔻粉2.5克

孜然粉2.5克

胡椒粉1克

欧芹2.5克

盐10克

 TIPS

1. 一般是使用糖油拌和法加入全蛋制作，所以口感紧实，为让口感松软些，此配方使用打发蛋白霜。

2. 装饰前可将蛋糕体表面裁切平整以利于站立，或者烤完后将蛋糕体倒扣在网架上使底部变平。

3. 配方中的香辛料可替换，调配成自己喜爱的口味。

做法

蛋糕体

1. 将杏仁粉和糖粉混合过筛备用。

2. 将低筋面粉与高筋面粉混合过筛备用。

3. 将黄油打软后加入步骤1搅拌均匀。

4. 将全蛋和蛋黄分次加入步骤3的黄油面糊中搅拌均匀。

5. 将已过筛的面粉及香辛料粉加入黄油面糊中搅拌均匀。

6. 将蛋白和细砂糖打发至硬性发泡，再分次加入步骤5中搅拌均匀。

7. 加入乳酪丁、番茄干丁、黑橄榄丁、绿橄榄丁搅拌均匀，挤入长条模具中。以上火200℃／下火150℃烘烤，约35分钟。

组合

蛋糕出炉脱模冷却后，在蛋糕表面装饰切片番茄干、切半绿橄榄、切半黑橄榄、乳酪丁即可。

缤纷棒棒糖蛋糕

准备

烤箱温度	上火200℃／下火150℃
烘烤时间	30分钟
成品分量	约30支
使用道具	长条烤模（27厘米×5厘米×5厘米） 棒棒糖棍 台式搅拌机 钢盆 橡胶刮刀 筛网

　　五彩缤纷的棒棒糖总是能吸引孩子们的目光，偶尔在孩子生日派对时，让孩子们参与制作过程，这边蘸点巧克力，那边撒点果干或棉花糖随性装饰，孩子开心地享受这一过程是无价的，也是一种特别的亲子乐趣。

材料

奶油蛋糕
（27厘米×5厘米×5厘米）1条

黄油70克

糖粉70克

全蛋84克

低筋面粉98克

泡打粉1.5克

棒棒糖蛋糕体

奶油蛋糕碎100克

融化黄油40克

烤熟酥菠萝100克

（做法请参照p115

酥菠萝巧克力费南雪）

草莓巧克力 适量

干燥草莓屑 适量

做法

奶油蛋糕

1. 将黄油打软后加入糖粉搅拌均匀，分次加入全蛋后搅拌均匀。

2. 将低筋面粉和泡打粉过筛后加入步骤1中轻轻搅拌均匀。

3. 将搅拌均匀后的材料倒入蛋糕模具中，以上火200℃／下火150℃烘烤50分钟。

棒棒糖蛋糕体

1. 先将棒棒糖的奶油蛋糕体捏碎，再与烤好的酥菠萝和融化黄油全部混合均匀。

2. 取7克步骤1搓成圆形，并插入棒棒糖棍备用。

3. 融化草莓巧克力，将步骤2的半成品蘸裹上巧克力酱，在完全冷却前蘸裹干燥草莓屑。

 TIPS

1. 棒棒糖的表面可用白巧克力、黑巧克力、草莓巧克力、干燥草莓屑、薄饼脆片或巧克力碎自由搭配装饰。

2. 融化巧克力时，温度勿超过40℃，否则不易黏附在棒棒糖上。

屋比派

 准备

烤箱温度	上火200℃ / 下火150℃
烘烤时间	18分钟
成品分量	约20组
使用道具	烤盘
	台式搅拌机
	钢盆
	橡胶刮刀
	裱花袋
	平口裱花嘴（1厘米）
	手持式锅

屋比派原本是美国宾夕法尼亚州内居住的阿米什人流行的一种传统糕点，他们以生活简朴闻名，为了发展地区的民情风俗，早期的屋比派以南瓜或是姜饼口味居多，后来美国人又研发了各种口味的奶油糖霜或是棉花糖，发展至今有五花八门的内馅，也不再局限于棉花糖上了，可放入果酱、蜜饯等。

 材料

蛋糕体	材料A：	奶油内馅	巧克力甘纳许内馅
黄油170克	低筋面粉180克	黄油68克	动物性鲜奶油32克
细砂糖150克	杏仁粉50克	糖粉10克	转化糖8克
香草酱5克	可可粉75克	香草卡士达100克	香草荚 1/4支
全蛋1个	泡打粉2克		56％黑巧克力59克
酸奶60克	小苏打粉1克		黄油21克
牛奶120克	盐1克		

做法

蛋糕体

1. 将黄油和细砂糖打发至颜色泛白，分次将香草酱和全蛋慢慢加入，慢慢搅拌均匀。

2. 将酸奶与牛奶一点一点加入步骤1中搅拌均匀。

3. 将材料A全部过筛后，加入步骤2中搅拌均匀。

4. 将面糊装入裱花袋，挤在铁盘上呈现圆形，放进烤箱用上火200℃／下火150℃，烘烤约18分钟。

奶油内馅

将黄油和糖粉打发至泛白，将香草卡士达分次加入搅拌均匀即可。

 TIPS

事先在烤盘纸上画出所需的圆形，以确保挤出的面糊大小一致。

巧克力甘纳许内馅

从香草荚中刮出香草籽，连同动物性鲜奶油和转化糖一同煮沸后捞出香草荚，分两次加入黑巧克力中搅拌均匀，降温至40℃左右，再加入黄油搅拌均匀即可。

组合

在一片屋比派蛋糕体上挤4克巧克力甘纳许，挤上一圈奶油馅（约8克），再取一片屋比派蛋糕体盖上即可。

CHAPTER
6

变化类 /
各种蛋糕体的组合与变化
口感：多层次

在前面的章节中已介绍了许多蛋的打发方式及技巧，而本章节中包含了前面章节中的打发方式进而延伸出的组合变化、口感变化、造型变化，又依序归纳出乳酪类、点心类、慕斯类、蛋糕类。

乳酪类：本章代表有烤乳酪、蒸白乳酪。乳酪类的糕点除了味道香醇、质地细致，还带点微酸的独特风味。最常使用于鸡蛋糕中的乳酪有：奶油奶酪（cream cheese），将奶油加入牛奶里所制成，味道温和带有淡淡的酸味，适合用来制作各式糕点；马斯卡彭乳酪（mascarpone cheese）原产于意大利，味道柔和，带有奶香味且质地柔软，通常用来制作提拉米苏；白乳酪（fromage blanc）法文原意为白色的乳酪，其味道香浓，与酸奶的风味有些相似。

点心类：本章代表有山药小鸡蛋糕、智利酪梨奶油蛋糕、可丽饼甜筒和栗子蒙布朗。点心类的糕点适合于下午茶或餐后享用，可以搭配咖啡或茶类的冷热饮。

慕斯类：本章代表有薄荷盆栽蛋糕、青苹果瑞士莲、夏洛特洋梨、焦糖玛奇朵、香槟蜜桃杯。慕斯类的凝结效果除了来自于配方中的鸡蛋外，还需添加吉利丁。吉利丁为动物胶质所制成，具有加热融化、冷却凝固的特性，操作上十分便利。如果使用过量的吉利丁会使慕斯的质地结实，化口性也会变差；若使用量不足，则慕斯的成品容易变形。吉利丁又分为吉利丁粉和吉利丁片，吉利丁粉使用时粉与水的比例为1：5，即使用5倍的水来浸泡吉利丁粉，约10分钟待其凝固后成吉利丁块，放进钢盆中用隔水加热的方式来融化使用。吉利丁片使用方法为，将吉利丁片浸泡在冰水中约10分钟后捞起，用手挤干多余水分，放进钢盆中用隔水加热的方式来融化使用。

蛋糕类：本章代表有圣诞树根蛋糕、宝岛地瓜烧、云朵柠檬蛋白霜。其中的宝岛地瓜烧是近年来颇受欢迎的一道点心，现代人注重健康养生，而甘薯富含丰富的营养素及膳食纤维，也具有浓浓的台湾特色。现在流行的做法是将甘薯果肉取出后，经调制再重新回填至甘薯皮中。本书的改良做法是将甘薯馅挤在甘薯蛋糕上，更容易操作。

烤乳酪塔

烤乳酪的绵密乳酪馅，加上底层酥松的塔皮，一同结合后具有双重滋味和口感。特别是浓香的乳酪与清爽的柠檬香气是绝佳组合，这般浓郁好滋味会使人上瘾！

烤箱温度	塔皮： 上火200℃／下火150℃ 组合： 上火210℃／下火170℃
烘烤时间	20分钟
成品分量	约6模
使用道具	圆形铁模（直径约7厘米） 打蛋器 钢盆 橡胶刮刀 筛网 磨皮刀

塔皮	乳酪馅
黄油60克	全蛋40克
糖粉35克	细砂糖30克
全蛋11克	低筋面粉2.5克
蛋黄8克	玉米淀粉2.5克
杏仁粉14克	奶油奶酪185克
低筋面粉100克	细砂糖30克
	白乳酪40克
	柠檬皮屑0.3克
	酸奶40克

做法

塔皮

1. 将黄油和糖粉放入搅拌缸中，一起用低速搅拌。

2. 将全蛋和蛋黄搅拌均匀后，分次慢慢加入搅拌缸中搅拌均匀。

3. 将混合过筛的杏仁粉和面粉加入步骤2中轻轻搅拌均匀，用保鲜膜封好，放入冰箱冷藏静置一宿。

4. 将前一宿冷藏静置的塔皮取出约30克，擀成0.3厘米厚。

5. 取出适量的塔皮铺捏在模具内，捏好后将多余部分削边，使用叉子在塔皮底部戳洞，上方使用锡箔纸覆盖，并在锡箔纸上铺满烤珠或米，使用上火200℃／下火150℃，烘烤至微微上色。

   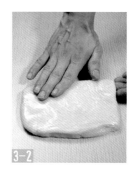

乳酪馅

1. 将全蛋和细砂糖放入搅拌盆中搅拌均匀。

2. 将过筛的面粉和玉米淀粉加入步骤1中混合。

3. 将奶油奶酪、细砂糖、白乳酪一起仔细混合搅拌均匀后，再拌入步骤2中的面糊中，直到出现柔滑感后加入柠檬皮屑搅拌均匀。

4. 将酸奶加热至80℃后，加入已呈现柔滑感的步骤3中搅拌均匀。

组合

拿出已烤半熟的塔皮，将混合好的乳酪馅挤入，进炉烘烤，上火210℃／下火170℃，烤约20分钟。最后（可放上喜爱的软糖）撒上糖粉装饰即可。

TIPS

1. 在塔皮上放烤珠或米烘烤，是为了避免底部膨胀，周围缩水。

2. 在制作塔皮的过程中，加入面粉时切记不可过度搅拌，以免产生筋性，导致塔皮在烘烤时收缩。

3. 在塔皮塑形时，为避免粘黏，可在桌面撒一些高筋面粉，方便塑形。

4. 塔皮塑形需尽快完成，以免出油软化，建议在空调环境下制作。

蒸白乳酪

准备

烤箱温度	上火180℃／下火180℃
烘烤时间	30分钟
成品分量	约4杯
使用道具	狐尾陶瓷杯
	钢盆
	打蛋器
	橡胶刮刀
	手持式锅
	筛网
	台式搅拌机
	塑胶量杯

蒸白乳酪蛋糕的口感软绵，虽然质地清爽却有着乳酪的浓香及淡淡的酸奶清香。本品使用的白乳酪可凸显水果的果香，又有滑顺奶味，因不含乳脂肪所以格外清爽，搭配上酸甜的新鲜水果馅，别有一番风味。

材料

白乳酪蛋糕体

白乳酪210克

细砂糖60克

全蛋50克

蛋黄8克

低筋面粉10克

动物性鲜奶油15克

香草海绵蛋糕

（做法请参考p56

香草海绵蛋糕）

酥菠萝

（做法请参考p115

酥菠萝费南雪）

焦糖香蕉

A.香蕉丁70克

香草荚1/4支

朗姆酒7克

柳橙汁42克

B.香蕉丁70克

细砂糖12.5克

做法

白乳酪蛋糕体

1. 将白乳酪和细砂糖放入钢盆中搅拌均匀。

2. 把蛋黄和全蛋混合后，加入步骤1中搅拌均匀。

3. 将过筛的面粉加入步骤2中搅拌均匀，最后加入鲜奶油搅拌均匀。

4. 先裁切一片香草海绵蛋糕，铺在杯子底部，再将步骤3的面糊倒入杯子内约七分满，进炉隔水蒸烤，上火180℃／下火180℃，烤约30分钟即可。

焦糖香蕉

1. 将香蕉切丁，准备两份共140克的香蕉丁备用。

2. 将细砂糖及香草荚放入平底锅中煮成焦糖。

3. 取香蕉丁A和朗姆酒，放入锅中与焦糖拌炒一下。

4. 将柳橙汁加入步骤3中,小火慢煮约10分钟离火,加入香蕉丁B搅拌均匀。

组合

在蒸好的白乳酪蛋糕上方,铺上一层焦糖香蕉,再铺上事先烤好的酥菠萝。

TIPS

若没有狐尾陶瓷杯,也可替换成家中现有的陶瓷容器来制作。

可丽饼甜筒

准备

烤箱温度	上火200℃ / 下火150℃
烘烤时间	15分钟
成品分量	约15份
使用道具	平底锅
	台式搅拌机
	钢盆
	橡胶刮刀
	打蛋器
	手持式锅
	筛网

可丽饼又称法式薄饼或法式蛋饼，是一种以小麦制作、比烤薄饼更薄的美食，风行于欧洲和世界许多地方，由一种可丽饼烤盘（无边特殊加热炉具）或平底锅煎制两面而成。可用作甜点的盘底，也可自成一道佳肴美馔，一般会在饼内加入水果糖浆、新鲜水果或柠檬奶油来调味。本篇使用蛋糕与卡士达酱，除了降低甜度，也赋予了可丽饼新的面貌。

材料

香草海绵蛋糕

（做法请参照p56香草海绵蛋糕）

可丽饼

牛奶150克

细砂糖30克

盐1克

黄油10克

全蛋82克

低筋面粉77克

香草卡士达酱

牛奶167克

细砂糖42克

蛋黄33克

全蛋20克

卡士达粉8克

低筋面粉8克

黄油5克

香草荚0.5支

香缇奶油

植物性鲜奶油75克

动物性鲜奶油112克

细砂糖11克

白兰地2克

可丽饼

1. 将面粉过筛备用。

2. 将全蛋、盐及细砂糖一起搅拌均匀。

3. 将步骤2和面粉搅拌均匀后，加入黄油再搅拌均匀。

4. 在步骤3中加入牛奶搅拌均匀过筛备用。

5. 使用黄油涂抹平底锅底，加热至奶油融化。

6. 将面糊倒入平底锅中，将饼皮煎至焦黄，取出冷却备用。

 TIPS

1. 在调好面糊后盖上保鲜膜，静置约1小时后使用。
2. 也可将煎好的可丽饼放凉后，抹上卡士达酱卷成甜筒状，抹上香缇鲜奶油，再依个人喜好装饰应季水果。

香草卡士达酱

1. 将蛋黄、全蛋、细砂糖搅拌均匀，加入过筛的卡士达粉和面粉并搅拌均匀。

2. 将牛奶煮沸冲入步骤1中搅拌均匀，回煮至82℃再加入黄油。

3. 抹平于铺了保鲜膜的铁盘上，冷却备用。

香缇奶油

将材料全部打发即可。

组合

取一片可丽饼皮，涂抹上香草卡士达酱后放上一片香草海绵蛋糕，再抹上香草卡士达酱，将其卷起成甜筒状，上面挤上香缇鲜奶油，在上方开口处装饰应季的新鲜水果。

山药小鸡蛋糕

准备

烤箱温度	上火180℃ / 下火180℃
烘烤时间	20分钟
成品分量	约15个
使用道具	钢盆
	烤盘
	打蛋器
	橡胶刮刀
	竹扦

山药小鸡采用类似日本和果子的做法，是在中国宋代时传入日本，称为日式馒头的糕点。本品稍微改良，在豆沙中间加入蛋糕体来降低豆沙的甜腻感，由于外表容易塑形，也可亲子一同享受捏塑造型的乐趣。

材料

小鸡外表面团	内馅
糖粉25克	山药豆沙45克
麦芽糖9克	市售白豆沙150克
黄油12.5克	
奶粉6克	**蛋糕体**
全蛋27.5克	（做法请参考
小苏打粉0.3克	p56香草海绵蛋糕）
低筋面粉72克	

做法

小鸡外表面团

1. 将糖粉过筛后与麦芽糖、黄油、奶粉一同放入盆中，并分次将全蛋一点一点加入，搅拌均匀。

2. 将过筛后的小苏打粉和低筋面粉加入步骤1搅拌均匀，使用保鲜膜封好备用。

内馅

1. 将山药豆沙分成3克/颗，并将其搓成圆形。

2. 取7克白豆沙擀平，将步骤1包入其中，搓成圆球形备用。

组合

1. 将表皮面团均分成每个约10克，压平，中间放上香草海绵蛋糕后包入内馅。

2. 先将面团搓成圆球形，再搓成圆柱形，将较小的上半部捏塑成小鸡头部，再将其余较大部分捏成小鸡身体，并调整成小鸡的外貌。使用竹扦压出眼睛形状，放上巧克力豆，放至烤箱以上火180℃／下火180℃烘烤20分钟即可。

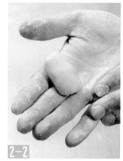
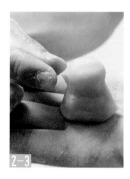

TIPS

1. 先将麦芽糖放入粉类中拔丝较容易搅拌均匀，也可避免粘锅。

2. 揉好的面团放在室外时间太久容易风干，可覆盖上保鲜膜，防止烘烤后龟裂。

3. 小鸡的内馅也可依个人喜好换成各种口味的豆沙馅，勿使用太软的内馅，否则不易捏塑造型。

4. 白豆沙泥的配方与做法

   配方：白花豆300克、细砂糖300克、小苏打1/2匙

   做法：

   a. 预先将白花豆用4~5倍的水浸泡一宿。

   b. 将白花豆和大量的水加上小苏打，用大火加热，煮沸10分钟后将汤汁倒掉换成清水，再次煮沸后，将火调小煮约40分钟。

   c. 煮好后把水滤掉，将豆子用筛网按压过滤后，把细砂糖与豆泥放进锅内，用小火熬煮到混合时可以留下痕迹的硬度为止。

薄荷盆栽蛋糕

准备

烤箱温度	上火200℃ / 下火150℃
烘烤时间	约18分钟
成品分量	约20杯
使用道具	盆栽杯
	烤盘
	L形抹刀
	台式搅拌机
	筛网
	打蛋器
	钢盆
	橡胶刮刀
	手持式锅

盆栽蛋糕在台湾地区流行好一阵子了，市面上大多以提拉米苏为主。本品以薄荷为主题，以香草海绵蛋糕搭配薄荷奶油，食用起来带有清凉感，且装饰好的薄荷盆栽，视觉上也因带有绿意而赏心悦目，为炎炎的夏日带来一丝丝的凉意。

材料

薄荷奶油

牛奶250克

薄荷叶10克

全蛋87.5克

细砂糖34克

吉利丁粉5.5克

水33克

薄荷利口酒12.5克

打发动物性鲜奶油197.5克

蛋糕体

（做法请参考

p56香草海绵蛋糕）

奥利奥饼干屑 适量

TIPS

装饰时因为要符合主题所以上面装饰了薄荷叶，也可以装饰其他水果或香料植物。

做法

薄荷奶油

1. 将牛奶和薄荷叶一起煮沸后，封上保鲜膜，静置15分钟后再过筛。将牛奶溶液补足至500克，并再次煮沸。

2. 将全蛋和细砂糖搅拌均匀，再将步骤1一点一点冲入，并持续搅拌回煮至82℃，加入以吉力丁粉泡水形成的吉利丁块搅拌均匀过筛，并降温冷却。

3. 在已冷却的步骤2中分次加入薄荷利口酒，再加入打发的动物性鲜奶油搅拌均匀，灌入盆栽杯中。

组合

1. 在盆栽底部放入一块裁切好的香草海绵蛋糕，接着填入薄荷奶油至盆栽杯的1/2高度，再放入一块香草海绵蛋糕，接着再次填入薄荷奶油，至盆栽杯九分满后予以冷冻。

2. 取出已冷冻好的半成品，将奥利奥饼干放入钢盆中用擀面棍捣碎，在盆栽蛋糕上撒满奥利奥饼干碎，并插上新鲜薄荷叶即可。

焦糖玛奇朵

准备

烤箱温度　上火210℃ / 下火150℃

烘烤时间　约18分钟

成品分量　约9杯

使用道具　咖啡杯（直径8厘米×高6.5厘米）
　　　　　台式搅拌机
　　　　　手持式锅
　　　　　筛网
　　　　　橡胶刮刀
　　　　　钢盆
　　　　　打蛋器
　　　　　裱花袋

　　以午后的咖啡杯作为创意主轴，内外皆使用咖啡的风味层次来设计，将带有巧克力味的咖啡奶油、焦糖、鲜奶油多种美味融合，食用起来有蛋糕的松软、慕斯的细滑及咖啡的浓郁，带给您新奇感受。

材料

蛋糕体

（做法请参考p91

焦糖榛子蛋糕卷）

咖啡奶油

动物性鲜奶油75克

咖啡豆7.5克

蛋黄37.5克

细砂糖31克

牛奶31克

吉利丁粉3克

水15克

64％黑巧克力135克

打发动物性鲜奶油300克

香缇鲜奶油

（做法请参考p192

可丽饼甜筒）

焦糖酱

（做法请参考p91

焦糖榛子蛋糕卷）

TIPS

制作咖啡奶油时可以先将咖啡豆捣碎，再与鲜奶油一同煮沸。

咖啡奶油

1. 将鲜奶油与咖啡豆一同煮沸，以小火煮15分钟后将其过滤，再使用鲜奶油补足溶液分量至150克。

2. 将蛋黄、细砂糖、牛奶混合均匀后，冲入步骤1沸腾的咖啡鲜奶油，搅拌均匀并煮至82℃。

3. 将泡好水的吉利丁块加入步骤2中搅拌均匀，再将黑巧克力加入使其融化并搅拌均匀后降温至30℃。

4. 将打发鲜奶油分次拌入步骤3中，搅拌均匀备用。

组合

1. 将一片适量大小的榛子蛋糕放入咖啡杯底部，挤入咖啡奶油至杯子1/2高度，再放一片榛子蛋糕，挤入咖啡奶油至杯子九分满后，放入冷冻室定形。

2. 将已冷冻定形的咖啡杯取出，抹上香缇鲜奶油，上方使用焦糖酱挤上漩涡纹路即可。

香槟蜜桃杯

烤箱温度	上火200℃／下火150℃
烘烤时间	15分钟
成品分量	约6杯
使用道具	恐龙造型杯
	钢盆
	打蛋器
	手持式锅
	橡胶刮刀
	台式搅拌机
	裱花袋
	裱花嘴（1厘米）

香槟蜜桃杯很适合当派对的点心，因为制作方便且快速，只需要将杯子改成透明杯，漂亮的层次立刻展露无遗，带有新鲜水蜜桃与果冻的口感，在派对上也会很受欢迎。

 材料

蛋糕体

（做法请参考p56
香草海绵蛋糕）

装饰

新鲜水蜜桃半个

蜜桃奶油

水蜜桃果泥155克
细砂糖12克
草莓果泥25克
柠檬汁5克
水蜜桃酒24克
吉利丁粉5克
水25克

打发动物性鲜奶油103克
意式蛋白霜40克
（做法请参考p96
罗勒草莓蛋糕卷）

蜜桃冻

水蜜桃果泥100克
香槟50克
细砂糖12.5克
水蜜桃酒15克
吉利丁粉5克
水25克

做法

蜜桃奶油

1. 将细砂糖、水蜜桃果泥、草莓果泥煮热后，加入混合好的吉利丁块搅拌均匀后降温。

2. 将柠檬汁和水蜜桃酒加入步骤1中搅拌均匀。

3. 将意式蛋白霜加入步骤2中搅拌均匀。

4. 将打发好的动物性鲜奶油拌入步骤3中搅拌均匀。

 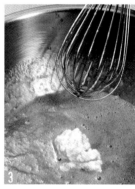 

蜜桃冻

将水蜜桃果泥、细砂糖与香槟煮沸，加入混合好的吉利丁水，搅拌均匀后再将水蜜桃酒加入。

组合

1. 将蛋糕体裁切成圆片状后，放入恐龙造型杯底部。

2. 填上一层蜜桃奶油至杯子的1/3高度后，放入冷冻室约2分钟定形后取出。

3. 倒入约0.5厘米厚蜜桃冻，放上新鲜水蜜桃丁，再放入冷冻室约2分钟。

4. 取出后再放入一片裁切好的香草海绵蛋糕，将蜜桃奶油填入杯子至八分满，再次冷冻后取出，放上新鲜水蜜桃丁，最后将蜜桃冻倒入杯中填满即可。

 TIPS 制作蜜桃奶油和蜜桃冻时，可以将水蜜桃果泥替换成自己喜爱的果泥口味。

青苹果瑞士莲

准备

烤箱温度	上火200℃ / 下火150℃
烘烤时间	15分钟
成品分量	9颗
使用道具	苹果造型塑胶模
	钢盆
	打蛋器
	手持式锅
	橡胶刮刀
	台式搅拌机
	裱花袋
	筛网
	竹棒

清爽中带点酸味，浓郁、甜蜜而不腻，再加上糖煮苹果丁，甜中微微带点果酸，外表好似一颗真的苹果般小巧可爱，相信这道甜点一端出来绝对会吸引众人的目光。

材料

蛋糕体	糖煮青苹果	白巧克力奶油	果胶淋面
（做法请参考 p56香草海绵蛋糕）	青苹果丁100克	牛奶57.5克	镜面果胶200克
	细砂糖100克	动物性鲜奶油57.5克	矿泉水20克
	水100克	细砂糖10克	绿色素粉 适量
		蛋黄17.5克	
	青苹果冻	水20克	
	青苹果泥225克	吉利丁粉4克	
	吉利丁粉7.5克	白巧克力262.5克	
	水37.5克	打发动物性鲜奶油437.5克	
	白兰地22.5克		

做法

糖煮青苹果

将细砂糖和水一起煮沸后加入青苹果丁，冷藏静置一宿。

青苹果冻

1. 将青苹果泥煮温热后，加入吉利丁块使其完全融化。

2. 将白兰地加入步骤1中，搅拌均匀后倒入模具中，再填入些许糖煮青苹果，冷冻定形后插上冰棒棍（方便脱模）。

白巧克力奶油

1. 将牛奶与鲜奶油煮沸腾，冲入已搅拌好的细砂糖和蛋黄中，回煮至82℃。

2. 将泡过水的吉利丁块加入步骤1中，使其融化搅拌均匀，再加入白巧克力搅拌均匀并降温至30℃。

3. 将打发鲜奶油分次加入步骤2中并搅拌均匀备用。

果胶淋面

将全部材料混合备用。

组合

1. 在模具上半部灌入白巧克力奶油，并放上一片事先裁好的香草海绵蛋糕，插上竹棒（方便脱模）；模具下半部灌入白巧克力奶油，并放上一个青苹果冻，之后用白巧克力奶油填满模具，放入冰箱冷冻定形。

2. 脱模后取出竹棒，将上、下部用白巧克力奶油结合在一起，使用果胶淋面，淋在苹果表面，青苹果即完成。

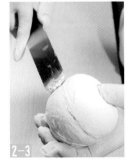

TIPS

1. 自制吉利丁块：将吉利丁粉与水以1：5比例搅拌均匀，静置凝固即可。

2. 糖煮青苹果需提前两天制作备用。青苹果冻请于前一晚制作冷冻定形备用。

3. 脱模时也可以使用吹风机稍微吹模具底部，可快速脱模。

夏洛特洋梨

准备

烤箱温度	上火210℃ / 下火150℃
烘烤时间	约18分钟
成品分量	约6个
使用道具	洋梨形塑胶模
	半圆硅胶烤模
	台式搅拌机
	手持式锅
	筛网
	橡胶刮刀
	钢盆
	打蛋器
	裱花袋

洋梨本身清甜可口，略带微酸，果香浓郁。本品重现清新可人的洋梨外表，加上内在层次丰富的洋梨奶油与焦糖奶油蛋糕，也是一道吸睛度100％的桌上甜点。

材料

蛋糕体	焦糖奶油	洋梨奶油	白兰地7.5克
（做法请参考p56	动物性鲜奶油210克	牛奶32.5克	水 22.5克
香草海绵蛋糕）	香草荚1/4支	洋梨果泥120克	打发动物性鲜奶油300克
	葡萄糖14克	香草荚1/4支	
	蛋黄50克	蛋黄40克	果胶淋面
	细砂糖55克	细砂糖20克	镜面果胶200克
	吉利丁粉2.5克	奶粉5克	矿泉水20克
	水12.5克	吉利丁粉4.5克	绿色素粉 适量

做法

焦糖奶油

1. 将葡萄糖与细砂糖煮至焦化。另外将鲜奶油和香草籽一同煮沸，再冲入焦糖中搅拌均匀。

2. 将步骤1冲入蛋黄中搅拌均匀，回煮至82℃，放入事先做好的吉利丁块搅拌均匀，倒入半圆形硅胶烤模（约20克），冷冻定形备用。

TIPS

1. 自制吉利丁块做法请参考p210青苹果瑞士莲。
2. 焦糖奶油请于前一天制作好备用。

洋梨奶油

1. 将牛奶、洋梨果泥、香草籽一同煮沸，冲入事先搅拌均匀的蛋黄、奶粉、细砂糖中，再次搅拌均匀后回煮至82℃。

2. 加入吉利丁块溶解搅拌均匀，隔冰水降温至30℃。

3. 将鲜奶油和白兰地一起打发，将打发好
   的鲜奶油分次拌入步骤2中，搅拌均匀后
   挤入模具。

果胶淋面

将全部材料混合备用。

组合

1. 将洋梨奶油填入上半部洋梨形模具中后，放上一块海绵蛋糕，并在中间埋入已定形的焦
   糖奶油，覆盖一片蛋糕体，再次填满洋梨奶油，下半部模具也同样做法，冷冻定形后，
   取出将上下两部分组合。

2. 使用抹刀将缝隙轻抹填平，淋上果胶淋面即可。

云朵柠檬蛋白霜

准备

烤箱温度	上火200℃ / 下火150℃
烘烤时间	约20分钟
成品分量	约24个
使用道具	24洞硅胶烤模（直径3.5厘米）
	台式搅拌机
	手持式锅
	筛网
	橡皮刮刀
	钢盆
	裱花袋
	棒棒糖棍

孩子在晴空万里的天气下看到蓝天上的朵朵白云时，总会吵着要一口吃掉天上的白云，这时就可以施点简单的小魔法，将蛋糕蘸上带点柠檬香味的蛋白糖霜，好似云朵般轻柔，食用起来入口即化、酸甜酸甜的，相信立刻就可以掳获孩子的芳心。

材料

蛋糕体

（做法请参考
p165柠檬雪霜）

柠檬蛋白霜

细砂糖100克

水30克

蛋白100克

吉利丁粉4.5克

水22.5克

柠檬果泥45克

TIPS

蛋糕沾裹蛋白霜时速度要快，因为柠檬蛋白霜在刚打好时富含光泽与弹性，沾裹出来的云朵最为完美。

准备

柠檬蛋白霜

1. 将细砂糖和水煮沸至118℃，冲入蛋白中打发，制成意式蛋白霜。

2. 趁意式蛋白霜还温热时，将泡好的吉利丁块隔水融化再加入意式蛋白霜中，持续打发约5分钟。

3. 将柠檬果泥加入步骤2中搅拌均匀。

蛋糕体

（做法请参考p165柠檬雪霜），将做好的面糊挤至球形硅胶模后，烘烤后备用。

组合

1. 在柠檬雪霜小蛋糕上分别插入棒棒糖棍备用。

2. 将插上棒棒糖棍的小蛋糕放置在柠檬蛋白霜中，以顺时针绕两圈就可均匀蘸裹上柠檬蛋白霜。

3. 用喷枪炙烧蛋白霜表面，使其着色即可。

智利酪梨奶油蛋糕

准备	烤箱温度	上火200℃／下火150℃
	烘烤时间	30分钟
	成品分量	约2个
	使用道具	长条烤模（27厘米×5厘米×5厘米）
		台式搅拌机
		手持式锅
		筛网
		橡胶刮刀
		钢盆
		打蛋器
		裱花袋

酪梨为脂肪含量最高的水果，其营养价值高，有益健康，吃了就会有幸福感，故又名幸福果。在澳洲还会使用酪梨来代替奶油涂抹在吐司上食用。本品保留酪梨的原本造型，回填上的酪梨奶油口感细致，加上仿真的酪梨造型，给享用者提供了视觉与味觉上的乐趣。

材料

蛋糕体

（做法请参考

p175缤纷棒棒糖）

巧克力甘纳许

牛奶50克

葡萄糖浆2.5克

水16克

吉利丁粉3克

鲜奶油75克

70%黑巧克力75克

酪梨奶油

酪梨泥200克

牛奶80克

白巧克力160克

青柠2个

细砂糖20克

TIPS 酪梨奶油一定要当天制作，因为不能久放，趁新鲜食用风味最佳。

做法

巧克力甘纳许

1. 将牛奶和葡萄糖浆一同煮沸后，加入已泡水的吉利丁块搅拌均匀。

2. 将黑巧克力分次加入步骤1中搅拌均匀，再加入奶油搅拌均匀。

酪梨奶油

1. 将酪梨泥、细砂糖与牛奶煮沸腾后，分次加入白巧克力搅拌均匀。

2. 将青柠榨汁后加入步骤1。

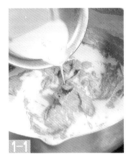

组合

将新鲜酪梨剖半，取下的果肉打成泥状，保留完整的酪梨皮，将巧克力甘纳许填入底部。将蛋糕屑、酥菠萝、奶油混合并搓成球状的蛋糕体（约1元硬币大小）。填入酪梨奶油，将圆形蛋糕体放入酪梨中间当果核，再填满酪梨奶油，使用抹刀将酪梨奶油抹平即可。

栗子蒙布朗

准备

烤箱温度	上火200℃／下火150℃
烘烤时间	15分钟
成品分量	约15个
使用道具	船形塔模（9厘米×4厘米）
	烤盘（34厘米×24厘米）
	钢盆
	橡胶刮刀
	台式搅拌机
	筛网
	打蛋器
	L形抹刀
	手持式锅
	木勺
	裱花嘴
	裱花袋

材料

塔皮（1个，约20克）

（做法请参考
p184烤乳酪塔）

栗子蛋糕（1盘）

杏仁粉18.75克

栗子泥225克

全蛋237.5克

低筋面粉45克

泡打粉2.5克

黄油75克

装饰栗子泥

栗子泥250克

黄油37.5克

打发动物性鲜奶油37.5克

卡士达馅

（做法请参考p192

可丽饼甜筒）

杏绿奶油

（做法请参考p83

卵形烧）

蒙布朗的外形是照着勃朗峰的样子去做的，秋冬的勃朗峰因树木枯萎常常呈现褐色，所以蒙布朗的外形也是挤满了褐色的栗子奶油。传统的蒙布朗里面是没有包栗子的，而且底部垫的是蛋白饼或蛋白糖霜（用打发的蛋白加砂糖烘烤而成），不过这样吃太甜且不健康，所以我将底部改成塔皮与栗子蛋糕来降低甜腻感，让大家能无负担地享受法式糕点。

TIPS

将栗子泥事先过筛才不会在挤出时堵住裱花嘴造成线条中断。

做法 栗子蛋糕

1. 将杏仁粉和栗子泥搅拌均匀后加入全蛋，使用球形打蛋器打发。

2. 加入事先过筛的低筋面粉与泡打粉搅拌均匀，加入已温热融化的黄油搅拌均匀，倒入铺在烤盘上的烤盘纸中，以上火200℃／下火150℃烘烤约15分钟。

装饰栗子泥

将栗子泥与黄油搅拌均匀后过筛，再和打发的鲜奶油一同搅拌均匀。

组合

1. 将20克塔皮捏入塔模中，将多余的塔皮削平，使用叉子在底部戳出小孔，避免受热膨胀，以上火180℃/下火150℃烘烤约20分钟，冷却备用。

2. 使用船形模具倒扣在烤好的蛋糕体上，压切出形状备用。

3. 取出烤好的塔皮，在中间挤入卡士达馅后，盖上一片栗子蛋糕，再挤上香缇鲜奶油。

4. 在蛋糕体表面挤出线条状的栗子泥装饰即可。

圣诞树根蛋糕

准备

烤箱温度	上火200℃／下火150℃
烘烤时间	约18分钟
成品分量	约8人份（长24厘米×1条）
使用道具	烤盘（60厘米×40厘米）
	台式搅拌机
	L形抹刀
	筛网
	橡胶刮刀
	钢盆
	打蛋器

　　树根蛋糕的外形似树干，据说有一个穷青年因买不起圣诞礼物给情人，于是走到森林捡起一块木头送给她，他不但赢得了芳心，从此更平步青云，因此有说木头蛋糕是祝愿来年好运的象征。在岁末的圣诞节前夕，不妨亲手做一个树根蛋糕来祝福亲朋好友来年更加好运！

材料

蛋糕体（1片）

（做法请参考p59
巧克力海绵蛋糕）

巧克力榛子卡士达酱

香草卡士达酱140克

（做法请参考p192
可丽饼甜筒）

榛子酱50克

马斯卡彭乳酪30克

巧克力杏缇奶油

动物性鲜奶油150克

植物性鲜奶油150克

黑巧克力50克

TIPS

配方中的香草卡士达酱请放凉冷却后再与榛子酱搅拌均匀，因为榛子酱在低温状态下和其他馅料混合时能最大程度保留其风味与香气。

做法

巧克力榛子卡士达酱

将榛子酱加入香草卡士达酱中搅拌均匀，再加入马斯卡彭乳酪，搅拌均匀冷藏备用。

巧克力香缇奶油

1. 将动物性鲜奶油、植物性鲜奶油打发。
2. 将黑巧克力隔水加热至35℃左右融化。
3. 将步骤1一点一点加入步骤2中搅拌均匀即可。

组合

1. 将巧克力蛋糕切出一个3厘米宽的条状（制作树干切片用），涂上榛子卡士达酱，卷成树干剖面状，切至2厘米厚，并在表面用巧克力香缇鲜奶油挤出条形纹路备用。

2. 在剩下的巧克力蛋糕上，抹上榛子卡士达酱后，卷成蛋糕卷。

3. 将巧克力香缇鲜奶油装入裱花袋中，挤在步骤2上，并放上步骤1的剖面年轮蛋糕。

4. 依照个人喜好，依序放上具有圣诞气氛的装饰即可。

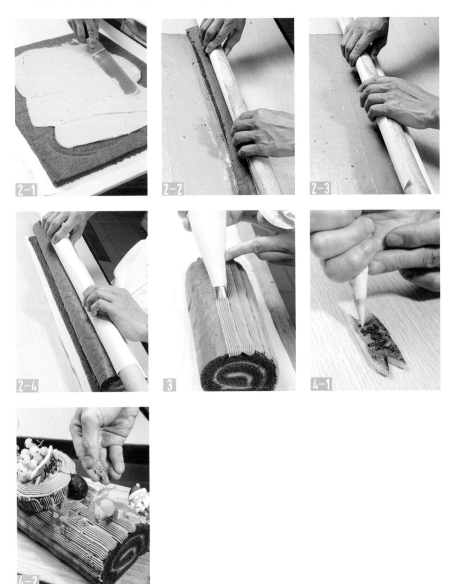

宝岛地瓜烧

准备

烤箱温度	甘薯馅： 上火150℃/下火150℃ 组合： 上火220℃/下火150℃
烘烤时间	约10分钟
成品分量	12个
使用道具	金色铝箔纸（直径6.5厘米×1.5厘米） 台式搅拌机 钢盆 橡胶刮刀 铝箔烤模 抹刀 铝制模具 裱花袋 毛刷

甘薯又称地瓜，富含纤维及维生素C、维生素K，可以补充身体所需养分，细致化后的地瓜烧尝起来有浓醇甘薯香气及甜味，口感绵密如冰淇淋。本款将地瓜烧进阶，底部使用甘薯蛋糕加强口感，尝起来更加轻盈不甜腻，在秋天的午后沏壶茶配上自己做的地瓜烧，没什么比这更惬意了。

材料

蛋糕体

（做法请参考p62
肉桂甘薯蛋糕）

甘薯馅

甘薯泥250克

糖粉39克

动物性鲜奶油20克

牛奶12克

蛋黄32克

黄油50克

TIPS

1. 因刚调好的甘薯馅很柔软，容易变形且不易刷上蛋黄液，所以在刷蛋黄液前需先冷冻定形，第一次刷蛋黄液后需等表面稍干，再重复刷一次蛋黄液，烘烤后色泽才会漂亮。
2. 甘薯一定要用烤的，可以去除多余水分保留其香气。

甘薯馅

1. 将甘薯用清水洗净沥干后，用上火150℃／下火150℃烤约80分钟烤熟。

2. 将甘薯放凉后对剖，取出甘薯肉备用。

3. 取足够的甘薯泥放入搅拌机中，放入过筛的糖粉搅拌均匀。

4. 将鲜奶油加入牛奶一起慢慢分次搅拌均匀，再加入蛋黄搅拌均匀。

5. 将黄油隔水融化后，加入步骤4中搅拌均匀备用。

组合

1. 将蛋糕体面糊挤入模具中，用上火220℃／下火150℃烘烤25分钟。

2. 将过筛的甘薯泥挤在蛋糕上成圆锥状，冷冻约4分钟。

3. 在冷冻好的甘薯泥表面刷上蛋黄液，撒上少许黑芝麻，用上火220℃烤约10分钟至呈金黄色即可。

图书在版编目（CIP）数据

鸡蛋糕 / 黄裕杰著. —北京：中国轻工业出版社，2018.4
（我爱烘焙）
ISBN 978-7-5184-1734-6

Ⅰ．①鸡… Ⅱ．①黄… Ⅲ．①蛋糕—烘焙 Ⅳ．①TS213.2

中国版本图书馆CIP数据核字（2017）第302081号

责任编辑：苏　杨

策划编辑：马　妍　苏　杨　　责任终审：唐是雯　　封面设计：奇文云海
版式设计：锋尚设计　　　　　　责任校对：李　靖　　责任监印：张　可

出版发行：中国轻工业出版社（北京东长安街6号，邮编：100740）

印　　刷：北京富诚彩色印刷有限公司

经　　销：各地新华书店

版　　次：2018年4月第1版第1次印刷

开　　本：787×1092　1/16　印张：14.75

字　　数：340千字

书　　号：ISBN 978-7-5184-1734-6　定价：78.00元

邮购电话：010-65241695

发行电话：010-85119835　传真：85113293

网　　址：http://www.chlip.com.cn

Email：club@chlip.com.cn

如发现图书残缺请与我社邮购联系调换

160009S1X101ZYW